微习惯

成就卓越
自我管理的法则

武君 著

中国华侨出版社

北京

习惯具有一种能左右人命运、决定人生成败的巨大力量。古罗马诗人奥维德有一句经典名言："没有什么比习惯的力量更强大。"美国著名成功学大师拿破仑·希尔也说："习惯决定成败。"习惯是由一个人行为的累积而形成的某些固定行为，是人们生活中习以为常的行为举止。习惯在我们不知不觉反复重复的过程中，会逐渐变成我们本能的一部分。而微习惯是一种非常微小的积极行为，你需要每天强迫自己完成它。微习惯太小，小到不会给你造成任何负担，而且具有超强的"欺骗性"，它也因此成了极具优势的习惯养成策略。

著名的贝尔实验室和 3M 公司曾经过近 10 年的研究，终于得出了一条令人吃惊的结论：使一个人比其他人更优秀的最重要因素，不是智商高，也不是良好的社交技巧，而是具备了良好的习惯。只要培养出良好的习惯并在实践中运用，发挥出自己巨大的潜能，你就能从平凡走向卓越。从现在起，不要再抱怨命运没有给自己机会，而要问自己有没有养成能够把握住机会的习惯。很多人并不从自身的惰性因素中寻找原因，总是终日喋喋不休于外事外物对自身的影响，其实这对改善自身的素质百分之百的无济于事。请你加快行动的步伐吧，一切从自我做起，从点滴做起，从培养良好的习惯做起……

微习惯策略的科学原理表明了人们无法长期坚持大多数主流成长策略的原因，也揭示了人们长期坚持微习惯策略的可能性。人们无法让改变的效果持久时，往往认为原因在于自己，但其实有问题的并不是他们本身，而是他们采用的策略。本书阐述了人一生要养成的成功微习惯、工作微习惯、社交微习惯、思考微习惯、时间微习惯、情绪微习惯、礼仪微习惯、生活微习惯等，提出了培养良好微习惯的方法和窍门，主题选择具有时代感和生活性，对自我管理具有很强的指导意义。一位哲人说过："播下一种思想，收获一种行为；播下一种行为，收获一种习惯；播下一种习惯，收获一种性格；播下一种性格，收获一种命运。"要想不断提升自己的素质，在人生中取得成功，就要在各个方面养成良好的习惯。当你翻开本书，了解了这些重要的人生习惯后，再根据书中的指导，持之以恒地去培养好习惯，相信你一定能收获高效能的工作和高品质的生活，你的人生也会因此而改变。

目录

CONTENTS

第三章　**工作微习惯：**
做好每一件小事的职场精进法 — 037

第四章　**社交微习惯：**
管好自己赢得别人的交际小技巧 — 067

第五章　思考微习惯：
大处着眼小处着手的精准思维

第一章

微习惯：成就卓越自我管理的法则

◭ 微习惯是什么

狗家族出了一只很有志气、很有抱负的小狗，它向整个家族宣布：要去横穿大沙漠！所有的狗都跑来向它表示祝贺。在一片欢呼声中，这只小狗带足了食物、水，然后上路了。3天后，突然传来了小狗不幸牺牲的消息。

是什么原因使这只很有理想的小狗牺牲了呢？检查食物，还有很多；水不足吗？也不是，水壶里还有水。后来经过研究，终于发现了小狗牺牲的秘密——小狗是被尿憋死的。

之所以被尿憋死是因为狗有一个微习惯——一定要在树干旁撒尿。由于大沙漠中没有树，也没有电线杆，所以可怜的小狗一直憋了3天，终于被憋死了。

狗是如此，人呢？

狗是习惯的动物，同样人也是习惯的产物，习惯中的高级动物。

一个人的行为方式、生活习惯是多年养成的。比如，与人交往的形式、与人沟通的方式、与人相处的模式……都是多年习惯累积慢慢成型的。孔子在《论语》中提道："性相近，习相远也。""少小若无性，习惯成自然。"意思是说，人的本性是很接近的，但由于习惯不同便相去甚远；小时候培养的品格就好像是天生就有的，长期养成的习惯就好像完全出于自然。

一句俗话说："贫穷是一种习惯，富有也是一种习惯；失败是一种习惯，成功也是一种习惯。"如果你重视观念和思考，那么，你对此可能会有一些同感。

微习惯是一种很小的习惯。习惯也称为惯性，是宇宙共同法则，具有无法阻挡的一股力量。"冬天来了，春天还会远吗？"这就是无法阻挡的一股力量；苹果离开树枝必然往下掉，同样是具有无法阻挡的一股力量。

惯性的力量有时候是惊人的，例如，静止的火车，要防止其滑行只需在每个驱动轮面前放一块 1 寸厚的木头就行了，但如果火车以每小时 100 公里的速度行驶的话，哪怕是一堵 5 尺厚的钢筋水泥墙也无法阻挡，可见惯性的力量多么巨大！

我们可以对"习惯"下一个定义：所谓的"习惯"，就是人或动物对于某种刺激的"固定性反应"，这是相同的场合和反应反复出现的结果。所以，如果一个人反复练习饭前洗手的话，那么这个行为就会融合到他更为广泛的行为中去，成为"爱清洁"的习惯。

习惯是某种刺激反复出现，个体对之作出固定性反应，久而久之形成的类似于条件反射的某种规律性活动。它包括生理和心理两方面，即能够直接观察及测量的外显活动和间接推知的内在心理历程——意识及潜意识历程。而且，心理上的习惯，即思维定式一旦形成，则更具持久性和稳定性，在更广泛的基础上，就成了性格特征。

🔺 微习惯的力量无比巨大

微习惯的力量是巨大的。1873 年，美国发明家克利斯托弗发明了世界上第一台打字机，键盘完全是按照英文字母的顺序排列的。慢慢的，他发现打字的速度一旦加快，键槌就很容易被卡住。他的弟弟给他出了一个主意，建议他把常用字的键符分开布局，这样每次击键的时候，键槌就不会因为连续击打同一块区域而卡死。经过这样不规则的排列后，卡键的次数果然大大减少，但同时打字速度也减慢了。在推销打字机的时候，在利润的驱动下，克利斯托弗对客户说，这样的排列可以大大提高打字速度，结果所有人都相信了他的说法。现在，人们已经习惯了这样的键盘布局，并始终认为这的确能提高打字速度。

国外一些数学家经过研究得出结论，目前的排列是最笨拙的一种，凭借目前的技术已经解决了卡键问题，可现在出现第二种排列的键盘似乎不太可能，因为人们都习惯了。在强大的习惯面前，科学有时也会变得束手无策。

说起来你可能不信，一根矮矮的柱子、一条细细的链子，竟能拴住一头重达千斤的大象，可这令人难以置信的景象在印度和泰国随处可见。原来那些驯象人在大象还是小象的时候，就用一条铁链把它绑在柱子上。由于力量尚未长成，无论小象怎样挣扎都无法摆脱锁链的束缚，于是小象渐渐地习惯了而不再挣扎，直到长成了庞然大物，虽然它此时可以轻而易举地挣脱链子，但是大象依然选择了放弃挣扎，因为在它的惯性思维里，它仍然认为摆脱链子是永远不可能的。

小象是被实实在在的链子绑住的，而大象则是被看不见的习惯绑住的。

可见，习惯虽小，却影响深远。习惯对我们的生活有绝对的影响，因为它是一贯的。在不知不觉中，习惯经年累月地影响着我们的品德，决定我们思维和行为的方式，左右着我们的成败。看看我们自己，看看我们周围，好习惯造就了多少辉煌成果，而坏习惯又毁掉了多少美好的人生！习惯一旦形成，就极具稳定性。生理上的习惯左右着我们的行为方式，决定我们的生活起居；心理上的习惯左右着我们的思维方式，决定我们的待人接物。当我们的命运面临抉择时，是习惯帮我们作出决定。

◭ 成功的习惯重在培养

美国学者特尔曼从 1928 年起对 1500 名儿童进行了长期的追踪研究，发现这些"天才"儿童平均年龄为 7 岁，平均智商为130。成年之后，又对其中最有成就的20%和没有什么成就的20%进行分析比较，结果发现，他们成年后之所以产生明显差异，其主要原因就是前者有良好的学习习惯、强烈的进取精神和顽强的毅力，而后者则甚为缺乏。

习惯是经过重复或练习而巩固下来的思维模式和行为方式，例如，人们长期养成的学习习惯、生活习惯、工作习惯等。"习惯养得好，终身受其益"；"少小若无性，习惯成自然"。习惯是由重复制造出来，并根据自然法则养成的。

孩子从小养成良好的习惯，能促进他们的生长发育，更好地获取知识，发展智力。良好的学习习惯能提高孩子的活动效率，保证学习任务的顺利完成。从这个意义上说，它是孩子今后事业成功的首要条件。

但是，习惯是从哪里来的呢？

习惯是自己培养起来的。当你不断地重复一件事情，最后就有了应该和不应该，开始形成了所谓的真理，但是你还有更多的事情没有接触到。

习惯应该是你帮助自己的工具，你需要利用自己的习惯来更好地生活，如果哪个习惯阻碍了你实现这样的目标，那么就该抛弃这样的坏习惯。

下面是培养良好习惯的过程与规则：

（1）在培养一个新习惯之初，把力量和热忱注入你的感情之中。对于你所想的，要有深刻的感受。记住：你正在采取建造新的心灵道路的最初几个步骤，万事开头难。一开始，你就要尽可能地使这条道路既干净又清楚，下一次你想要寻找及走上这条小径时，就可以很轻易地看出这条道路来。

（2）把你的注意力集中在新道路的修建工作上，使你的意识不再去注意旧的道路，以免回到过去。不要再去想旧路上的事情，把它们全部忘掉，你只要考虑新建的道路就可以了。

（3）可能的话，要尽量在你新建的道路上行走。你要自己制造机会来走上这条新路，不要等机会自动在你跟前出现。你在新路上行走的次数越多，它们就能越快被踏平，更有利于行走。一开始，你就要制订一些计划，准备走上新的习惯道路。

（4）过去已经走过的道路比较好走，因此，你一定要抗拒走回这些旧路的诱惑。你每抵抗一次这种诱惑，就会变得更为坚强，下次也就更容易抗拒这种诱惑。但是，你每向这种诱惑屈服一次，就会更容易在下一次屈服，以后将更难以抗拒诱惑。你将在一开始就面临一次战斗，这是重要时刻，你必须在一开始就证明你的决心、毅力与意志力。

（5）要确信你已找出正确的途径，把它当作你的明确目标，然后毫无畏惧地前进，不要使自己产生怀疑。着手进行你的工作，不要往后看。选定你的目标，然后修建一条又好、又宽的道路，直接通向这个目标。

你已经注意到了，习惯与自我暗示之间存在着很密切的关系。

　　自我暗示是我们用来挖掘心理道路的工具，"专心"就是握住这个工具的手，而"习惯"则是这条心理道路的路线图或蓝图。要想把某种想法或欲望转变成为行动或事实，之前必须忠实而固执地将它保存在意识之中，一直等到习惯将它变成永久性的形式为止。

⚠ 卓越是一种习惯，平庸也是一种习惯

　　在我们的工作和生活中，有很多效率低下的例子。例如有些人只知道一味地例行公事，而不顾做事的实际效果；他们总是采取一种被动的、机械的工作方式。在这种状态下工作的人，往往缺乏主观能动性和创造性，在工作中不思进取、敷衍塞责，总是为自己找借口，无休止地拖延……

　　另一方面，我们也可以看到很多做事高效的例子。例如有些人做起事来注重目标、注重程序，他们在工作中往往采取一种主动而积极的方式。他们工作起来对目标和结果负责，做事有主见，善于创造性地开展工作；工作中出现困难会积极地寻找办法，勇于承担责任，无论做什么总是会给自己的上司一个满意的答复。

　　举一个例子来说吧，某公司的一位服务秘书接到服务单，客户要装一台打印机，但服务单上没有注明是否要配插线，这

时，服务秘书有3种做法：

（1）开派工单。

（2）电话提醒一下商务秘书，看是否要配插线，然后等对方回话。

（3）直接打电话给客户，询问是否要配插线，若需要，就配齐给客户送过去。

第一种做法，可能导致客户的打印机无法使用，引起客户的不满；第二种做法，可能会延误工作速度，影响服务质量；第三种做法，既能避免工作失误，又不会影响工作效率。

显然，第三种做法就是一个高效做事的例子。

高效能人士与做事缺乏效率的人的一个重要区别在于：前者是主动工作、善于思考、主动找方法的人，他们既对过程负责，又对结果负责；而后者只是被动地等待工作，敷衍塞责，遇到困难只会抱怨，寻找借口。

另外，高效能人士不仅善于高效工作，同时也深谙平衡工作与生活的艺术。他们既不会为工作所苦，也不为生活所累。他们不是一个不重结果、被动做事的"问题员工"，也不是一个执着于工作，忽视了生活、整日为任务所苦的"工作狂"。

一个游刃于工作与生活之中的高效能人士应当具备很多素质，比如"做事有目标""能够正确地思考问题""是一个解决问题的高手""重视细节""高效利用时间""勇于承担责任，不找借口""正确应对工作压力""善于把握工作与生活的平衡""善于沟通交际""拥有双赢思维"，等等。

一位哲人说过："播下一种思想，收获一种行为；播下一种行为，收获一种习惯；播下一种习惯，收获一种性格；播下一种性格，收获一种命运。"要不断提升自己的素质，做一名合格的高效能人士，就要养成好的习惯。

第二章 成功微习惯：

每天进步一点点的无负担自律策略

◬ 不为失败找借口

失败者的借口是最可怜的。任何一个人在人生的道路上，都会遇到挫折。从挫折中吸取教训，是迈向成功的踏脚石。真正的失败是犯了大错，却未能及时从中吸取有用的经验教训。当我们观察成功人士时，会发现他们的背景都不相同。那些大公司的成功员工和经理，他们都经历过艰难困苦的阶段。

世上大概只有三种人，我们姑且将他们称为先生，那么这三位先生分别是"平凡"先生，"失败"先生和"成功"先生。把每一个"成功"先生拿来跟"失败"先生以及"平凡"先生相比，你会发现，他们各方面（包括年龄、能力、社会背景、国籍，以及任何一方面）都很可能相同，只有一个例外，就是对遭遇挫折的反应不同。

当"失败"先生跌倒时，就无法爬起来了，他只会躺在地上怨天尤人。

"平凡"先生会跪在地上，准备伺机逃跑，以免再次受到打击。

但是，"成功"先生的反应跟他们不同。他被打倒时，会立即反弹起来，同时会吸取这个宝贵的经验，继续往前冲刺。

或许我们每个人都希望自己是一位"成功"先生，那么你要做的第一件事情就是马上停止诅咒命运，因为诅咒命运的人永远得不到他想要的任何东西！

拿破仑·希尔深知，成功就是一连串的奋斗。他曾经讲过一个故事：他最要好的朋友是个非常有名的管理顾问。一走进朋友的办公室，你就会觉得他仿佛"高高在上"似的。

办公室内各种豪华的装饰、考究的地毯、忙进忙出的人潮以及知名的顾客名单都在告诉你，他的公司的确成就非凡。

但是，就在这家鼎鼎有名的公司背后，藏着无数的辛酸血泪。他创业之初的头6个月就把10年的积蓄用得一干二净，一连几个月都以办公室为家，因为他付不起房租。他也婉拒过无数好的工作，因为他坚持实现自己的理想。

就在整整7年的艰苦挣扎中，没有人听他说过一句怨言，他反而说："我还在学习啊。这是一种无形的、捉摸不定的生意竞争，很激烈，实在不好做。但不管怎样，我还是要继续学下去。"

他真的做到了，而且做得轰轰烈烈。

有一次有人问他："把你折磨得疲惫不堪了吧？"他却说"没有啊！我并不觉得那很辛苦，反而觉得得到了受用无穷的经验。"看看《美国名人榜》就知道，那些功业彪炳千秋的伟人，都受过一连串的无情打击，只是因为他们都坚持到底，才终于获得辉煌成果。

拿破仑·希尔所讲的故事告诉我们，天下没有不劳而获的事情。如果能利用种种挫折与失败，来驱使你更上一层楼，那么一定可以实现你的理想。

　　许多大学的教授们都知道，从学生对于成绩不及格的反应可以推测他将来的成就。拿破仑·希尔在大学授课时，曾把毕业班一个学生的成绩打了个不及格，这对那个学生打击很大，因为他早已做好毕业后的各种计划，现在不得不取消，真的遗憾。他只有两条路可走：第一是重修，下年度毕业时才拿到学位。第二是不要学位，一走了之。

　　在知道自己不及格时，他很失望，甚至对拿破仑·希尔不满。他最后去找拿破仑·希尔理论。拿破仑·希尔说他的成绩太差以后，他自己也承认对这一科下的功夫不够。但是，他继续说：我过去的成绩都在中等水平以上，你能不能通融一下，重新考虑呢？

　　拿破仑·希尔明确表示办不到，因为这个成绩是经过多次评估决定的。拿破仑·希尔又提醒他，学籍法禁止教授以任何理由更改已经送交教务处的成绩单，除非这个错误确实是由教授造成的。

　　知道真的不能改以后，他显然很生气。"教授，"他说，"我可以随便举出本市 50 个没有修过这科照样成功的人，你这科有什么了不起！干吗让我因为这一科就拿不到学位？"

　　他发泄完了以后，拿破仑·希尔静默了大约 40 秒钟，他知道避免吵架的好方法就是暂停一下。然后拿破仑·希尔才对他说："你说的大部分都很对，确实有许多知名人物几乎不知道这一科的内容。你将来很可能不用这科知识就获得成功，你也可能一辈子都用不到这门课的知识，但是你对这门课的态度却对你大有影响。"

"你是什么意思？"他反问道。

拿破仑·希尔回答他说："我能不能给你一个建议呢？我知道你相当失望，我了解你的感觉，我也不会怪你。但是请你用积极的态度来面对这件事吧。这一课非常非常重要，如果不由衷地培养积极的心态，根本做不成任何事。请你记住这个教训，5 年以后就会知道，它是使你收获最大的一个教训。"

几天以后，拿破仑·希尔知道他又去重修时，真的非常高兴。这一次他的成绩非常优异。过了不久，他特地向希尔致谢，让希尔知道他非常感激以前的那场争论。

"这次不及格真的使我受益无穷，"他说，"看起来可能有点奇怪，我甚至庆幸那次没有通过。"我们都可以化失败为胜利。从挫折中吸取教训，好好利用，就可以对失败泰然处之了。

拿破仑·希尔还说，千万不要把失败的责任推给你的命运，要仔细研究失败的实例。如果你失败了，那么继续学习吧。可能是你的修养或火候还不够的缘故。世界上有无数人，一辈子浑浑噩噩、碌碌无为，他们对自己一生平庸的解释不外是"运气不好""命运坎坷""好运未到"。这些人仍然像孩子那样幼稚与不成熟，他们只想得到别人的同情，而没想过自己奋斗。由于他们这样的想法，所以他们才一直找不到使他们变得更伟大、更坚强的机会。

▲ 珍惜每一分钟

在美国近代企业界里，与人接洽生意能以最少时间产生最大效率的人，非金融大王摩根莫属。为了珍惜时间他招致了许多怨恨。

摩根每天上午9点30分准时进入办公室，下午5点回家。有人对摩根的资本进行了计算后说，他每分钟的收入是20美元，但摩根说好像不止这些。所以，除了与生意上有特别关系的人商谈外，他与人谈话绝不超过5分钟。

通常，摩根总是在一间很大的办公室里，与许多员工一起工作，他不是一个人待在房间里工作。摩根会随时指挥他手下的员工按照他的计划去行事。如果你走进他那间大办公室，是很容易见到他的，但如果你没有重要的事情，他是绝对不会欢迎你的。

摩根能够轻易地判断出一个人来接洽的到底是什么事。当你对他说话时，一切转弯抹角的方法都会失去效力，他能够立刻判断出你的真实意图。这种卓越的判断力使摩根节省了许多宝贵的时间。有些人本来就没有什么重要事情需要接洽，只是想找个人来聊天，而耗费了工作繁忙的人许多重要的时间。摩根对这种人简直是恨之入骨。

每一个成功者都非常珍惜自己的时间。无论是老板还是打工族，一个做事有计划的人总是能判断自己面对的顾客在生意上的价值，如果有很多不必要的废话，他们都会想出一个收场的办法。同时，他们也绝对不会在别人的上班时间，去海阔天空地谈些与工作无关的话，因为这样做实际上是在妨碍别人的工作，浪费别人的生命。

一位作家在谈到"浪费生命"时说："如果一个人不争分夺秒、惜时如金，那么他就没有奉行节俭的生活原则，也不会获得巨大的成功。而任何伟大的人都争分夺秒、惜时如金。"

"浪费时间是生命中最大的错误，也最具毁灭性的力量。大量的机遇就蕴含在点点滴滴的时间之中。浪费时间是多么能毁灭一个人的希望和雄心啊！它往往是绝望的开始，也是幸福生活的扼杀者。年轻生命最伟大的发现就在于时间的价值……明天的财富就寄寓在今天的时间之中。"

人人都须懂得时间的宝贵，"光阴一去不复返"。当你踏入社会开始工作的时候，一定是浑身充满干劲的。你应该把这干劲全部用在事业上，无论你做什么职业，你都要努力工作、刻苦经营。如果能一直坚持这样做，那么这种习惯一定会给你带来丰硕的成果。

歌德这样说："你最适合站在哪里，你就应该站在哪里。"

这句话算是对那些三心二意者的最好忠告。

明智而节俭的人不会浪费时间,他们把点点滴滴的时间都看成是浪费不起的珍贵财富,把人的精力和体力看成是上苍赐予的珍贵礼物,它们如此神圣,绝不能胡乱地浪费掉。

无论是谁,如果不趁年富力强的黄金时代去培养自己善于集中精力的好性格,那么他以后一定不会有什么大成就。世界上最大的浪费,就是把一个人宝贵的精力无谓地分散到许多不同的事情上。一个人的时间有限、能力有限、资源有限,想要样样都精、门门都通,绝不可能办到,如果你想在某些方面取得一定成就,就一定要牢记这条法则。

⚠ 每天学一点东西

许多人最大的弱点就是想在顷刻之间成就丰功伟绩,这显然是不可能的。任何事情都是渐变的,只有持之以恒,只有坚持每天学一点东西,才能有助于一个人最后达到成功。

李嘉诚虽然年岁渐老,但依然精神矍铄,每天要到办公室工作,从来不曾有半点懈怠。据李嘉诚身边的工作人员称,他对自己业务的每一项细节都非常熟悉,这和他几十年养成的良好的生活、工作习惯密切相关。

李嘉诚晚上睡觉前一定要看半小时的新书,了解前沿思想理论和科学技术,据他自己称,除了小说,文、史、哲、科技、经济方面的书他都读，每天都要学一点东西。这是他几十年保持下来的一个习惯。

他回忆说："年轻时我表面谦虚，其实内心很'骄傲'。为什么骄傲？因为当同事们去玩的时候，我在求学问，他们每天保持原状，而我自己的学问日渐增长，可以说是自己一生中最为重要的时光。现在仅有的一点学问，都是在父亲去世后，几年相对清闲的时间内每天都坚持学一点东西得来的。因为当时公司的事情比较少，其他同事都爱聚在一起打麻将，而我则是捧着一本《辞海》、一本老师用的课本自修起来。书看完了卖掉再买新书。每天都坚持学一点东西。"

李嘉诚能有今日成就，绝非偶然。李嘉诚靠着自己的勤奋努力在商场上纵横驰骋，终成其霸业，每天都坚持学一点东西，使他始终没有被快速发展的时代抛到后面，也使他有足够的智慧应对商场中的各种风险。

现实生活中有许多人，尽管他们的资质很好，却一生平庸，原因是他们不求进步，在工作中唯一能看到的就是薪水。

无论薪水多么微薄，你如果能时时注意去读一些书籍，去获取一些有价值的知识，这必将对你的事业有很大的助益。一些商店里的学徒和公司里的小职员，尽管薪水微薄，但他们工作很刻苦，尤其可贵的是，他们能趁着每天空闲的时候，如晚上和周末时间，到补习学校里去读书，或是自己阅读书来自修，以增进他们的知识水平。

一个人的知识储备越多，才能越丰富，生活越充实。

有这样一个年轻人，他出门的时间比在家的时间还要多，有时乘火车，有时坐轮船，但无论到什么地方，他总是随身携带着一本书籍，以供随时阅读。一般人浪费的零碎时间，他都能用来自修、阅读。结果，他对于历史、文学、科学以及其他各国的重要学问，都有相当的见地，成为一个学识渊博的人，从而促成了自己一生的成功。但是，大多数人却在浪费自己的宝贵零碎时间，甚至在那些时间里去做对身心有害的事情。

自强不息、追求进步的精神，是一个人卓越超群的标志，更是一个人成功的征兆。

从一个人怎样利用他每天的零碎时间，怎样消磨他冬夜或黄昏的时间上，就可以预言他的前途。一个人，只要能利用有限的零碎时间去读书，总会取得很大的成就。恰恰相反，很多人却浪费了这些空闲时间，到头来等待他的肯定不会是成功。

人类历史上教育的价值之高，莫过于今天。今天的社会中，竞争非常激烈，生活更显艰难，这就更要求人们善于利用时间，来增进自己的知识。

大部分人无意多读书、多思考，无意在报纸、杂志、书本当中尽量汲取各种宝贵的知识，而是把宝贵的时间耗费在无谓的事情上，实在是一件最可惜、最痛心的事。他们不明白，知识是无价之宝，能使人们获得无限的财富。

◭ 相信你自己

不是因为有些事情难以做到，我们才失去自信；而是因为我们失去了自信，有些事情才显得难以做到。

汤姆·邓普西出生时只有半只左脚和一只畸形的右手，父母从不让他因为自己的残疾而感到不安。结果，他能做到任何健全男孩所能做的事：童子军团行军 10 公里，汤姆也同样可以走完 10 公里。

后来他学踢橄榄球，他发现，自己能把球踢得比在一起玩的男孩子都远。他请人为他专门设计了一只鞋子，参加了踢球测验，并且得到了冲锋队的一份合约。

但是教练却尽量婉转地告诉他，说他"不具备做职业橄榄球员的条件"，劝他去试试其他的职业。最后他申请加入新奥尔良圣徒球队，并且请求教练给他一次机会。教练虽然心存怀疑，但是看到这个男子这么自信，对他有了好感，因此就留下了他。

两个星期之后，教练对他的好感加深了，因为他在一次友谊赛中踢出了 55 码（1 码 =0.9144 米）并且为本队得了分。这使他获得了专为圣徒队踢球的工作，而且在那一季中为他的球队得了 99 分。

他一生中最伟大的时刻到来了。那天，球场上坐了 6.6 万名球迷。球是在 28 码线上，比赛只剩下了几秒钟。这时球队把球推进到 45 码线上。"邓普西，进场踢球！"教练大声说。

当汤姆进场时，他知道他的队距离得分线有 54 码远。球传接得很好，汤姆一脚全力踢在球身上，球笔直地向前飞去。但是踢得够远吗？6.6 万名球迷屏住气观看，球在球门横杆之上几英寸（1 英寸 = 2.54 厘米）的地方越过，接着终端得分线上的裁判举起了双手，表示得了 3 分，汤姆的球队以 19 比 17 获胜。球迷狂呼高叫为踢得最远的一球而兴奋，因为这是只有半只左脚和一只畸形的手的球员踢出来的！

"真令人难以相信！"有人感叹道，但是汤姆只是微笑。他想起他的父母，他们一直告诉他的是他能做什么，而不是他不能做什么。他之所以创造了这么了不起的纪录，正如他自己说的："他们从来没有告诉我，我有什么不能做的。"

这就是自信！

真正的自信不是孤芳自赏，也不是夜郎自大，更不是得意忘形、自以为是和盲目乐观；真正的自信就是看到自己的强项或者好的一面来加以肯定、展示或表达。它是内在实力和实际能力的一种体现，能够清楚地预见并把握事情的正确性和发展趋势，引导自己做得最好或更好。

自信是每一个成功人士最为重要的特质之一。

信心是我们获得财富、争取自由的出发点。有句谚语说得好："必须具有信心，才能真正拥有。"

世界酒店大王希尔顿，用 200 美元创业起家，有人问他成功的秘诀，他说："信心。"

拿破仑·希尔说："有方向感的自信心，令我们每一个意念都充满力量。当你有强大的自信心去推动你的致富巨轮时，你就可以平步青云。"

美国前总统里根在接受《SUCCESS（成功）》杂志采访时说："创业者若抱有无比的信心，就可以缔造一个美好的未来。"

自信可以让我们成为所希望的那样，自信可以让我们心想事成。

只有先相信自己，别人才会相信你。多诺阿索说："你需要推销的首先就是你的自信，你越是自信，就越能表现出自信的品质。"一个人一旦在自己心中把自己的形象提升之后，其走路的姿势、言谈、举止，无不显示出自信、轻松和愉快，从气势上表现出可以自己做主并且冲劲十足、热情高涨、热心助人。

一个冲劲十足、热情高涨、热心助人的人绝对拥有成功的资本。

不自信就自卑，自卑就会恐惧……所以缺乏自信带来的后果是非常可怕的。

如果没有坚定的自信去勇于面对责难和嘲讽，去不断地尝试动摇传统和挑战权威，那么爱迪生不可能发明电灯，莫尔斯不可能发明电报，贝尔不可能发明电话……

居里夫人说："我们的生活都不容易，但是，那有什么关系？我们必须有恒心，尤其要有自信心，我们的天赋是用来做某件事情的，无论代价多么大，这件事情必须做到。"

⚠ 不浪费每一分钱

如果你养成了节俭的习惯，那么就意味着你具有控制自己欲望的能力，意味着你已开始主宰自己，意味着你正培养一些最重要的个人品质，即自力更生、独立自主，以及聪明机智和创造能力。换句话说，就意味着你有了追求，你将会是一个卓有成就的人。

洛克菲勒垄断资本集团的创始人约翰·戴维森·洛克菲勒，1839 年出生于一个医生家庭，生活并不宽绰，艰难的生活使他养成了一种勤俭的习惯和奋发的精神。他在 16 岁时决心自己创业。虽然他时常研究如何致富，但始终不得要领。一天，他在报纸上看到一则广告，是宣传一本发财秘诀的书。洛克菲勒看后喜出望外，急忙沿着广告注明的地址到书店购买这本"秘书"。该书不能随便翻阅，只有买者付了钱后才可以打开。洛克菲勒求知心切，买后匆匆回家打开阅读，岂知翻开一看，全书仅印有"勤俭"二字，他又气又失望。洛克菲勒当晚辗转不能成眠，由咒骂"发财秘书"的作者坑人骗钱，渐渐细想作者为什么全书只写两个字，越想越觉得该书言之有理，感到要致富确实必须靠勤俭。他大彻大悟后，从此不知疲倦地勤奋创业，并十分注重节约储蓄。就这样，他坚持了5年多的打工生涯，以节衣缩食的节俭精神，积存了800美元。经过多年的观察，洛克菲勒看清了自己的创业目标：经营石油。经过几十年的奋斗，他终于成为美国的石油大王。

19世纪的石油商人成千上万，最后只有洛克菲勒独领风骚，其成功绝非偶然。有关专家在分析他的创富之道时发现，精打细算是他取得成就的主要原因。洛克菲勒在自己的公司特别注重成本的节约，提炼每加仑原油的成本计算到第三位小数点。他每天早上一上班，就要求公司各部门将一份有关净值的报表送上来。经过多年的积累，洛克菲勒能够准确地查阅报上来的成本开支、销售及损益等各项数字，并能从中发现问题，以此来考核每个部门的工作。1879年，他写信给一个炼油厂的经理质问："为什么你们提炼一加仑原油要花1分8厘2毫，而东部的一个炼油厂干同样的工作只要9厘1毫？"就连价值极微的油桶塞子他也不放过，他曾写过这样的信："上个月你厂汇报手头有1119个塞子，本月初送去你厂1万个，本月你厂使用9527个，而现在报告剩余912个，那么其他的680个塞子哪里去了？"洞察入微，刨根究底，不容你打半点马虎眼。正如后人对他的评价，洛克菲勒是统计分析、成本会计和单位计价的一名先驱，是今天大企业的"一块拱顶石"。

节俭不仅适用于金钱问题，而且也适用于生活中的每一件事，从合理地使用自己的时间、精力，到养成勤俭的生活习惯。节俭意味着科学地管理自己的时间与金钱，意味着最明智地利用我们一生所拥有的资源。

节俭不仅是积累财富的一块基石，也是许多优秀品质的根本所在。节俭可以提升个人的品性，厉行节俭对人的其他能力也有很好的助益。节俭在许多方面都是卓越不凡的一个标志。节俭的习惯表明人的自我控制能力，同时也证明一个人不是其欲望和弱点的不可救药的牺牲品，他能够支配自己的金钱，主宰自己的命运。

我们知道一个节俭的人是不会懒散的，他有自己的一定之规。他精力充沛，勤奋刻苦，而且比起那些奢侈浪费的人更加诚实。

节俭是人生的导师。一个节俭的人勤于思考，也善于制订计划。他有自己的人生规划，也具有相当大的独立性。

如果养成了节俭的习惯，那么就意味着你具有控制自己欲望的能力，意味着你已开始主宰自己，意味着你正在培养一些最重要的个人品质，即自力更生、独立自主，以及聪明机智和独创能力。换而言之，就表明了你有追求，你将会是一个卓有成就的人。

⚠ 独立自主的习惯

淌自己的汗，

吃自己的饭，

自己的事自己干。

靠天靠人靠祖宗，

不算是好汉。

——陶行知

美国石油大王洛克菲勒，有一次带他的小孙子爬梯子玩，可当小孙子爬到不高不矮（不致摔伤的高度）时，他原本扶着小孙子的双手立即松开了，于是小孙子就滚了下来。这不是洛克菲勒的失手，更不是他在搞恶作剧，他是要小孙子的幼小心灵感受到：做什么事都要靠自己，就连亲爷爷的帮助有时也是靠不住的。

人，要靠自己活着，而且必须靠自己活着，在人生的不同阶段，尽力达到理应达到的自立水平，拥有与之相适应的自立精神。这是当代人立足社会的根本基础，也是形成自身"生存支援系统"的基石，因为缺乏独立自主个性和自立能力的人，连自己都管不了，还能谈发展成功吗？即使你的家庭环境所提供的"先赋地位"是处于天堂之乡，你也必得先降到凡尘大地，从头爬起，以平生之力练就自立自行的能力。因为不管怎样，你终将独自步入社会，参与竞争，随时都可能出现或面对你无法预料的难题与处境。你不可能随时动用你的"生存支援系统"，而必须得靠顽强的自立精神克服困难，坚持前进！

待在家里、总是得到父母帮助的孩子一般都没有太大的出息，就是这个道理。而一旦当他们不得不依靠自己，不得不动手去做，或是在蒙受了失败之辱时，他们通常就能在很短的时间内发挥出惊人的能力来。

抛开拐杖，自立自强，这是所有成功者的做法。其实，当一个人感到所有外部的帮助都已被切断之后，他就会尽最大的努力，以最坚韧不拔的毅力去奋斗。而结果，他会发现：自己可以主宰自己命运的沉浮！

被迫完全依靠自己、绝没有任何外部援助的处境是最有意义的，它能激发出一个人身上最重要的东西，让人全力以赴。就像十万火急的关头，一场火灾或别的什么灾难会激发出当事人做梦都没想到过的一股力量。危急关头，不知从哪儿来的力量为他解了围。他觉得自己成了个巨人，他完成了危机出现之前根本无力做成的事情。当他的生命危在旦夕，当他被困在出了事故、随时都会着火的车子里，当他乘坐的船即将沉没时，他必须当机立断，采取措施，渡过难关，脱离险境。

一旦人不再需要别人的援助，自强自立起来，他就踏上了成功之路。一旦人抛弃所有外来的帮助，他就会发挥出过去从未意识到的力量。如果我们决定依靠自己，独立自主，就会变得日益坚强，距离成功也就会越来越近。

⚠ 培养不轻言放弃的习惯

1. 合理的计划表可以帮助你坚持下去

如果没有计划，东一榔头西一锤子，是做不好工作的。设计合理的计划表，不仅可以理顺工作的轻重缓急，提高工效，而且可以在无形之中督促自己努力工作，按时或超额完成计划。

制订可行的工作计划和执行计划时要注意，也许你愿意用硬性的东西约束自己，或希望有充分的灵活性，甚至等自己有了灵感的时候才动工。可是万一你正好没有灵感，整个礼拜都没兴致工作的话，怎么办呢？这样下去，你就可能失去坚持下去的耐心，对自己的创造能力产生怀疑。

至少开始的时候，你可以为自己安排一段单独的时间，试验自己的专长。按照进度将使你做更多的工作——如果你想出类拔萃的话；如果你给自己安排的进度并不过分，可是你还是抗拒它的话——譬如找借口拖延工作进度，那么就得研究一下自己的动机了。

计划的制订，将迫使你自问这个严肃的问题：我真的想做这件事吗？即使进行得不太顺利，我还是按部就班地做吗？如果答案是"是"，那么你是真的想得到成功，合理的计划表可以帮助你坚持下去。

2. 将挫折转化为前进的勇气

有的失败会转眼被我们忘记，有些挫折却会给我们留下深深的伤痛。但是，无论如何，我们都不应该因为挫折而停止前进的步伐。每个人都必须为目标奋斗。如果你不继续为一个目标奋斗，你不仅会失去信心，还会逐渐忘记自己有个目标。如果你不再继续坚持的话，就会开始怀疑自己是否能成功地实现计划所定的目标。

有时你也许会因为完不成目前的一个目标，而改做其他的尝试，这种随便的做法是一种变相的放弃。千万不要拿困难作借口，改做另一个计划。

3. 努力完成计划

当你坚持完成计划的要求，实现成功的目标后，你会更加坚定地做完以后的工作，这对培养你的不轻言放弃的习惯会有很大的帮助。不把事情做完的话，你会觉得自己像个没有志气的懒虫。以后如果你不敢肯定是不是能把工作完成的话，就很难再开始做一件新的事情。这是非常重要的一点。因为从事的工作可以只花几个小时，也可能花许多年工夫。不管花多少时间，你都得面对这个问题：完成这件工作呢，还是放弃它？你最好从开始就搞清楚，自己是不是真的想完成它，要不然你何必花这些心力呢？

如果你是某一领域的专业人员，你的成功目标就是成为这一领域的翘楚，那么就不能单是把计划完成，你必须把作品展示出来，接受别人的批评。不要把你写的小说只给一家出版社看，如果这一家不接受的话，就全盘放弃。你必须再接再厉，给很多家出版社看，一定要给自己的作品充分的机会。

如果你为了完成这个计划已经付出了很多，那就坚持下去，也许最艰难的时候，也是离成功最近的时候。

⚠ 耐得住寂寞

毫无疑问，每一颗年轻的心都跳动着走向辉煌的希望，然而辉煌不是天上掉馅饼，它靠的是辛勤耕耘——一番寂寞而又艰苦的劳作。

中国工程院院士、暨南大学校长刘人怀追忆60年坎坷成才路，殷殷寄语青年学子"忍耐是一个人成功的秘诀"。刘人怀院士认为，所谓忍耐，就是要坚定，要执着追求自己的理想。他举例说，他出身书香世家，自幼立志科技报国。1958年高考时，尽管成绩优异，但由于有海外关系，他只能无奈地选择到偏僻的兰州大学读数学系。"但我并不消沉，而是坚持信念发愤读书！"刘人怀说，由于自己的出色表现，大一时就有幸参与了中国第一颗人造卫星——东方红卫星的研制工作，大四时就在导师的带领下走进了世界尖端的"薄球壳体非线性稳定"研究领域，这是钱学森先生还未完成的博士论题。"我走近了世界科技领域的前沿。更重要的是，这些经历使我感受到了科学研究最重要的执着和踏实精神。"毕业后留校任教，他主动承担了飞机遥感器生产技术的攻关任务，成为我国第一个研究波纹圆板的学者。然而，不久"文革"开始，执着的刘人怀就把这项研究转入了"地下"。忆起当年每晚偷偷用简陋的算盘和对数表，进行着5位数以上的加减乘除、开方，挑战世界难题的情景，刘院士笑着说，整整4年下来，运算用过的废纸就有几大麻袋。年轻人要耐得住寂寞。"忍耐，更要耐得住寂寞。即使出了成果别人不认同，你也要继续埋头苦干，在沉潜中等待喷发！"刘人怀1978年在《力学学报》上发表《波纹圆板的特征关系式》，迅速引起了轰动。当年召开的中国仪表界第一次年会，就特邀年仅38岁的他在大会发言，钱学森、钱伟长等老一辈专家都给予了高度评价。他的人生轨迹从此发生了巨大的转折。回首这段往事，刘院士激励青年学子，在这个越来越喧嚣的时代，要学会静下来，要耐得住寂寞。

耐得住寂寞，就是不为外物所诱，抛开私心杂念，不浮躁，不盲从，保持正确的人生态度和价值取向。很多人耐不得寂寞，一旦不能如愿，就会怨天尤人，不思进取，或者转移方向，改弦更张。他们不知道倘若耐得住寂寞，就会守得云开见月明。

⚠ 每天自省5分钟

那个名叫"失败"的妈妈，其实不一定生得出名叫"成功"的孩子——除非她能先找到那位名为"反省"的爸爸。

有一个青年，有一天在街角的小店借用电话。他用一条手帕盖着电话筒，然后说："是王公馆吗？我是打电话来应征做园丁工作的，我有很丰富的经验，相信一定可以胜任。"电话的接线生说："先生，恐怕你弄错了，我家主人对现在聘用的园丁非常满意，主人说园丁是一位尽责、热心和勤奋的人，所以我们这儿并没有园丁的空缺。"

　　青年听罢便有礼貌地说："对不起，可能是我弄错了。"跟着便挂了电话。小店的老板听了青年人的话，便说："青年人，你想找园丁工作吗？我的亲戚正要请人，你有兴趣吗？"

　　青年人说："多谢你的好意，其实我就是王公馆的园丁。我刚才打的电话是用以自我检查，确定自己的表现是否合乎主人的标准而已。"

　　在生活中，不断做自我反省，才可以令自己立于不败之地。

　　自省是拯救我们的第一步。

　　自省就是反省自己，这是只有人类才能办到的事。

　　一般地说，自省心强的人都非常了解自己的优劣，因为他时时都在仔细检视自己。这种检视也叫作"自我观照"，其实质也就是跳出自己的身体之外，从外面重新观看审视自己的所作所为是否为最佳的选择。这样做就可以真切地了解自己，但审视自己时必须是坦率无私的。

　　能够时时审视自己的人一般都很少犯错误，因为他们会时时考虑：我到底有多少力量？我能干多少事？我该干什么？我的优缺点在哪里？为什么失败了或成功了？这样做就能轻而易举地找出自己的优点和缺点，为以后的行动打下基础。

首先，培养自省意识，就得抛弃那种"只知责人，不知责己"的劣根性。当面对问题时，人们总是说：

"这不是我的错。"

"我不是故意的。"

"没有人不让我这样做。"

"这不是我干的。"

"本来不会这样的，都怪……"

这些话是什么意思呢？

"这不是我的错"是一种全盘否认。否认是人们在逃避责任时的常用手段。当人们乞求宽恕时，这种精心编造的借口经常会脱口而出。

"我不是故意的"则是一种请求宽恕的说法。通过表白自己并无恶意而推卸掉部分责任。

"没有人不让我这样做"表明此人想借装傻蒙混过关。

"这不是我干的"是最直接的否认。

"本来不会这样的，都怪……"是凭借扩大责任范围推卸自身责任。

找借口逃避责任的人往往都能侥幸逃脱。他们因逃避或拖延了自身错误的后果而自鸣得意，却从来不反省自己在错误的形成中起到了什么作用。

为了免受谴责，有些人甚至会选择欺骗手段，尤其是当他们是明知故犯的时候。这就是所谓"罪与罚两面性理论"的中心内容，而这个论断又揭示了这一理论的另一方面。当你明知故犯一个错误时，除了编造一个敷衍他人的借口之外，有时你会给自己找出另外一个理由。

其次，培养自省意识，就得养成自我反省的习惯。我们每天早晨起床后，一直到晚上上床睡觉前，不知道要照多少次镜子；这个照镜子，就是一种自我检查，只不过是一种对外表的自我检查。相比之下，对本身内在的思想做自我检查，要比对外表的自我检查重要得多。可是，我们不妨问问自己：你每天能做多少次这样的自我检查呢？我们不妨设想一下，如果某一天我们没有照镜子，那会是一种什么结果呢？也许，脸上的污点没有洗掉；也许，衣服的领子出了毛病……总之，问题都没有发现就出了门。可是，我们如果不对内在的思想做自我检查，那么，我们就可能是出言不逊也不知道，举止不雅也不知道，心术不正也不知道……那是多么的可怕！我们不妨养成这样一个习惯——就是每当夜里刚躺到床上的时候，都要想一想自己今天的所作所为，有什么不妥当的地方；每当出了问题的时候，首先从自己这个角度做一下检查，看看有什么不对；而且，还要经常对自己做深层次的自我反省。

最后，培养自省意识，就得有自知之明。最有可能设计好一个人的就是他自己，而不是别人；最有可能完全了解一个人的就是他自己，而不是别人。但是，正确地认识自己，实在是一件不容易的事情。不然，古人怎么会有"人贵有自知之明""好说己长便是短，自知己短便是长"之类的古训呢？自知之明，不仅是一种高尚的品德，而且是一种高深的智慧。因此，你即便能做到严于责己，即便能养成自省的习惯，但并不等于说能把自己看得清楚。就以对自己的评价来说，如果把自己估计得过高了，就会自大，看不到自己的短处；把自己估计得过低了，就会自卑，自己对自己缺乏信心——只有估准了，才算是有自知之明。很多人经常是处于一种既自大又自卑的矛盾状态。一方面，自我感觉良好，看不到自己的缺点；另一方面，却又在应该展现自己的时候畏缩不前。

第二章

工作微习惯：

做好每一件小事的职场精进法

⚠ 坚持记好工作日记

高效的工作，从一定意义上说，也就是安排好自己工作的合理秩序，这样将大大节省你的时间和精力，有利于你工作的顺利展开。

某单位的秘书小沈，做事认真，头脑灵活，平时就养成了记工作日记的好习惯。他将工作中遇到的事，诸如重要数据、老板的指示或指令都在工作日记上记录下来，并随身携带，以备不时之需。

有一次，老总做报告，临时需要两个数据，忙问身边的随员，可是几个人所报数字相差甚远，该听谁的呢？此时，小沈不慌不忙地掏出工作日记，报出了老总所需的精确数字。大家都不约而同地向小沈投以钦佩的目光，老总也对他另眼看待，认为他工作踏实，做事认真细致，干得好。无形之中，大大加深了小沈在老板心中的印象。

优秀员工更应养成记工作日记的习惯。在工作中认真细致地做好统筹安排，同时注重对已完成工作的记录，是大有必要和益处的。坚持记工作日记，也许短时间感觉不到这个习惯带给你的帮助，然而长期坚持下来，你就会感受到它的效果，就像秘书小沈一样，长期坚持下来的结果使他能够在众多员工中给老板留下深刻的印象，这才是真正重要的。

中国有句俗话："好记性不如烂笔头。"一个人的记性不管有多好，久而久之，有些东西也会被遗忘，或者记得模模糊糊，这对一个人的工作是极为不利的。如果能将工作中的一些事，特别是重要的内容，用工作日记记录下来，那就不用担心遗忘了。

在工作中使用工作日记，可以免掉许多不必要的文件、档案，又可以将你要做的事清楚地记录下来，是一种帮助记忆的手段。这种方法最能有效地提醒自己，提高工作效率，从而赢得上司的信赖。

为了让工作日记更有用，要养成一种习惯，把你现在想的或做的，以及以后你想要提及的事都记在上面。一些优秀员工，会把上司谈到的工作或一些指示也记下来，每天早上查看，并督促自己去做。

有些人，在和上司谈工作或闲聊时，一听到重要的信息，就会马上从口袋里拿出工作日记，把重点记下来。

在每一个公司，上司都会喜欢工作用心而毫无遗漏的员工，因为在上司看来，这样的员工工作态度好，所以对他们做事比较放心。而那些听过就忘的员工则不知道下一步将怎样开展工作，也容易给上司留下应付公事的坏印象。

如果平时不记工作日记，只用脑子去记，突然要用的时候却要花很长时间才能想起来，或者根本想不起来了。有时候，不做工作日记，你也会忘记上司安排你做的工作，当上司问你做得如何时，你才猛然想起，可这时已经晚了，类似的事情你一定经历过。很多事，不做工作日记，就必须在脑子里记着不能忘！不能忘！这样一来，你累都累坏了，还能干好什么工作！

养成做工作日记的习惯，会给你带来很多好处。

当你每天早上打开当天的工作日记，就可以找到你想要的东西。你会因为没有把事情或工作忘了而心安；你可以把苦思冥想的时间省下来，用在其他的工作上；你总能知道你的约会、计划和文书工作，你因用不着分心于其他事而变得工作起来相当有效率。同时，它还能记录你的工作状况，让你能看清楚自己在某段时间里的变化，从而引导你采取正确的工作方法与技巧走向新的目标；它还能提醒你在适当的时候发个邮件、打个电话，与同事、朋友保持联络……

使用工作日记能让你用最少的时间，以充沛的精力去提高工作效率。当你使用工作日记时，你就能亲身体验到它带来的好处，为你的成功提供有力的保证。

对重要文件和档案做备份

每一个成功的人做事都有始有终。很多员工过于重视工作的数量而不是质量，他们粗心大意、不求精确，因此产生的错误，有时会给工作造成重大的损失。

有一个年轻人，大学毕业没多久，进入一家大公司企划部工作，他很珍惜这份工作，并且十分兢兢业业地投入到工作中。一天企划部经理叫他为一家企业做个企划方案，当天晚上，他加班加点终于做出一份满意的策划，放心地回家了。

第二天一早，公司例会上，他胸有成竹地打算向经理以及同事展示他的成果，却发现他的电脑瘫痪，原来储存在电脑中的策划文件也丢失了。后来才知道，原来他走后公司的保安使用他的电脑，中了病毒才导致瘫痪。而这个年轻人也没有将他辛辛苦苦制作的策划文件做备份，致使他在例会上只能口头将他的完美创意大致表述出来，年轻人的心血白白浪费了大半，留下了很大的遗憾。

如果这个年轻人再细心周到些，将文件做备份，也就不会白白留下这个遗憾，也可以借此机会展现他的才华和能力。由此可见，做事情不仅需要能力，更重要的是认真细致的工作态度。

开会在即，老板等着看你精彩的企划案，你正准备拿着熬了数个夜晚的成果向同事展示。在这关键时刻，你怎么也找不到你的文件，面对桌上一片凌乱的局面，你焦急万分，就连电子文档也不知存到哪里去了，最后你只能硬着头皮用口头报告。原本精彩的企划内容无法完整展现，你的心血与专业能力也大打折扣了。

这个时候你应该觉悟了吧？好好整理你的办公桌，运用一些方法归纳用品，把你的创意与重要讯息，归纳到一个有迹可寻、随时能找到的地方，从此让你的工作更加有效率。

在公司分配的有限空间里，运用得当方法增加自己的工作空间后，还得要把文件物品归纳得宜，才能算是真正得心应手。

电脑进入办公室后，大家原本预估纸张的使用会减少，但事实却相反。如果说过去的纸张使用量是 1，目前用量却是 1.3，可见电脑化时代并未能真正减少纸张的使用。

把要用而未分类的文件统统整齐地堆叠在一起，放在固定的位置，千万不要散成纸海，这样你要找某一份文件时就有序可循，等看过后再依自己的分类方式归纳好。

初步救急的方式只适用于少量文件，大量的文件还是得靠符合自己工作需求的分类方式来归纳。给每个产品一个大的资料夹，每个资料夹中又分成公关、活动、记者会、展览等，分别用 L 型透明夹收好，做好标签，再整齐收到产品资料夹中，这样就能一目了然。每份文件可能有不同版本，建议每次更新都能注明日期，这样就能快速找到最新版本的文件，如果要追溯之前的内容，也可轻易找到。

除了按产品分门别类，还可以依据经常接触的部门业务来分，例如业务部、行销部、财务部等；或是依文件功能，如合约类、工作报告类、厂商资料类等。重点就是要按自己的工作对象与需求来分类。分类后，最好能利用有索引内页的文件分类来归纳，更方便找寻。

除了纸张文件外，期刊的收藏也占据了很大的空间。经常阅读期刊的人如果把所有的期刊堆叠成一座小山，不仅不利于调阅，还占大量的空间，有时同事借走后不及时归还，也不容易察觉。可以将期刊有秩序地归档，首先分成周刊、月刊，周刊下又可以再分细一点。每一种刊物按期别顺序排好，种类之间再以小隔板或桌上小型书架隔开，这样调阅资料非常便利，同事要借阅也方便，不容易遗失。

至于分类到底要分到多细呢？千万不要分得太复杂，复杂的分类系统反而可能造成寻找的不便。一般来说，100个档案中，每个只装2份的文件，不如分类成20个档案，每个有10份文件来得方便。过于复杂的分类，在一段时间后可能会被你遗忘，让你因为找不到文件而备感挫折，达不到你原来进行分类想要达到的目的了。

▲ 比别人多做一点

许多人更愿意找些借口来搪塞，而不是努力成为卓越者。因为人们必须付出巨大的努力才能够成为卓越的人，但是如果只是找个借口搪塞为什么自己不全力以赴，那可真是不用费什么力气。

你需要付出相当的代价才能让自己变得优秀；如果你想跑得更快、跳得更高，也需要付出更高的代价。一个成功的推销员用一句话总结他的经验："你要想比别人优秀，就必须坚持每天比别人多访问 5 个客户。""比别人多做一点"，这几乎是事业成功者高于平庸者的秘诀。

美国著名出版商乔治·W.齐兹 12 岁时便到费城一家书店当营业员，他工作勤奋，而且常常积极主动地做一些分外之事。他说："我并不仅仅只做我分内的工作，而是努力去做我力所能及的一切工作，并且是一心一意地去做。我想让我的老板承认，我是一个比他想象中更加有用的人。"

有时你甚至不必别人多做很多，只需一点，就可以使你从众人中脱颖而出。这是著名投资专家约翰·坦普尔顿通过大量的观察研究，得出的一条很重要的真理："多一盎司定律"。他指出，取得突出成就的人与取得中等成就的人几乎做了同样多的工作，他们所做出的努力差别很小——只是"多一盎司"。一盎司只相当于 1/16 镑。但是，就是这微不足道的一点点区别，却会让你的工作大不一样。

这好比两个人参加马拉松比赛，在奔跑两个小时以后，都已经完成了 42 公里的赛程，还有不到 200 米，就将到达终点。当时的情况是，两人都十分劳累、难受。前者选择了放弃，而后者则坚持了下来。相对于他跑过的漫长路程，余下这一段短短的距离所具有的价值和意义是不言而喻的，没有这几步，此前的努力将变得毫无意义；有了这几步，就成了一个马拉松的胜利者。取得中等成就的人只是少跑了几步，不幸的是，那是最有价值的几步。

"多一盎司定律"可以运用到人类努力的每一个领域中。这一盎司把赢家跟一些入围者区别开来。在朝气蓬勃的高中足球队中，你会发现，那些多做了一点努力，多练习了一点的小伙子成为了球星，他们在赢得比赛中起到了关键性的作用。他们得到了球迷的支持和教练的青睐。而所有这些只是因为他们比队友多做了那么一点努力。

　　"多加一盎司"，工作可能就大不一样。保质保量完成自己的工作的人，是合格的员工。但如果在自己的工作中再"多加一盎司"，你就可能成为优秀的员工。主动在工作中"多加一盎司"的人，每天都在向人们证明自己更值得信赖，而且自己还具有更大的价值。

⚠ 勇于承认错误

　　人应该勇于及时地承认自己的错误。掩饰自己的错误，将会犯下更大的错误。如同人们为了一句谎言，会用更多的谎言来掩饰一样。

　　戴尔·卡耐基时常带着自己心爱的小狗，到自己家附近的森林公园去散步。为了保护游客的安全，这个公园里有个规定，必须为狗戴上口罩，拴上链条，才可以进入公园。一开始，卡耐基按照规定遛狗，可是看到自己的爱犬一副可怜的模样，很不忍心，于是就将口罩和链条取下，让爱犬无拘无束地在公园里玩耍。

没想到这被一位公园里的警察看到了，他走了过来，对卡耐基说："你没有看到公园门口贴的公告吗？"

卡耐基争辩道："噢，我的狗是不会咬人的。"

警察一听，厉声警告卡耐基："法官可不会管你的狗会不会咬人，这次放过你，下次再被我看到了，你自己对法官说去！"

过了几天，卡耐基一大清早就带上爱犬，到公园里一处很空旷的地方溜达，看看四下里无人，于是又将狗的口罩和链条给取了下来。

说来也巧，上回碰到的那个警察，不知从哪里钻出来了。卡耐基见到警察慢慢地走过来，心想大事不妙，这下肯定逃不掉了。根据上次的经验，和他争辩只会让他更恼火。

卡耐基想了想，做出满面羞愧的表情迎上前去。

他故意很难为情地对警察说："警官，对不起。你才警告过我，我又错了，我有罪，你逮捕我吧！"

警察愣了一下，笑意爬上原本严肃的脸庞，他很温和地对卡耐基说："我知道谁都不忍心看到自己的狗一副可怜兮兮的模样，何况这里没什么人，所以你取下了口罩。"

卡耐基轻声回答道："但是，这样做是违法的。"

警察望了望远处说："这样吧！你让小狗跑到那个小山丘后头，让我看不见这件事就算了。"

卡耐基谢过警察，带着小狗很快就跑得无影无踪了。

有时候，承认错误并非很困难，只要做到了，你会发现承认错误会带给你更多的谅解和轻松。

　　一个人做错了一件事，最好的处理方法就是老老实实地认错，而不是去为自己辩护和开脱。这是一种做人的美德，也是为人处世的最高深的学问。

　　有些员工在工作中出现错误时，就会找出一大堆借口来为自己辩解，并且说起来振振有词、头头是道。比如："交货迟延，这完全是企管部门的失误。""质量不佳，这都要怪质检部门工作的疏忽，与我没有关系。""我的工作都是按公司的要求去做的，错不在我！"……

　　你认为找借口为自己辩护，就能把自己的错误掩盖，把责任推个干干净净？但事实并非如此。可能上司会原谅你一次，但他心中一定会感到不快，对你产生"怕负责任"的印象。你为自己辩护、开脱不但不能改善现状，所产生的负面影响还会让情况恶化。

　　有一位毕业于名牌大学的工程师，既有学问，又有经验，但犯错误后总是自我辩解。该工程师应聘到一家工厂时，厂长对他很信赖，事事让他放手去干。结果，却发生了多次失败，而每次失败都是工程师的错，可工程师都有一条或数条理由为自己辩解，说得头头是道。因为厂长并不懂技术，常被工程师驳得无言以对。厂长看到工程师不肯承认自己的错误，总是推卸责任，心里很是恼火，只好让工程师卷铺盖走人。

一些人认为，拒不认账的好处在于不为后果负责，就算要负责，也把相关的人都包括在内，谁也逃脱不了干系。这样，能推就推，能躲就躲。实际上，既然你已经犯有错误，拒不认账的结果是弊大于利。首先，你铸成的大错是尽人皆知的，抵赖只能让人觉得你太顽固。如果你犯的错误的人证物证俱存，责任又逃避不了，你再抵赖也只是枉费心机。如果是鸡毛蒜皮的小错，那你就更不用抵赖，抵赖会造成你在同事心目中更坏的印象，真是得不偿失。你敢做不敢当的印象形成后，主管上司不敢再用你。怕你有朝一日也拉他们下水，同事也不敢与你合作，怕你故伎重演。而且你一旦拒不认错，形成习惯，那还谈得上培养解决问题的能力吗？——你会认为自己"一贯正确"。

承认错误，就有可能承担责任，独吞苦果。但在绝大多数的情况下，别人都不会一棍子打死你的，既然已经认错了，还要怎样呢？况且认错本身就是替上司分担责任，主动取咎，上司再抓住你不放，显然也有损他的形象。

⚠ 从不忽视关键细节

有许多不起眼的小事情，却蕴藏着成功的必然。细节的力量是无穷大的，只有懂得并重视它的人，才能得到它的垂青。

这是一个著名的传奇故事。出自英国国王查理三世逊位的史实。他在 1485 年波斯沃斯战役中被击败，莎士比亚的名句：
"马、马，一马失社稷！"使这一战役永载史册。

到战争的最后关键阶段，国王查理三世准备拼死一战了。
里奇蒙德伯爵亨利带领的军队正迎面扑来，这场战斗将决定谁
统治英国。

战斗进行的当天早上，查理派了一个马夫去备好自己最喜
欢的战马。

"快点给它钉掌，"马夫对铁匠说，"国王希望骑着它打头阵。"

"你得等等，"铁匠回答，"我前几天给国王全军的马都钉了
掌，现在我得找点儿铁片来。"

"我等不及了。"马夫不耐烦地叫道，"国王的敌人正在推
进，我们必须在战场上迎击敌兵，有什么你就用什么吧。"

铁匠埋头干活儿，从一根铁条上弄下四个马掌，把它们砸
平、整形，固定在马蹄上，然后开始钉钉子。钉了三个掌后，
他发现没有钉子来钉第四个掌了。

"我需要一两个钉子，"他说，"得需要点儿时间砸出两个。"

"我告诉过你，我已经等不及了，"马夫急切地说，"我听见
军号了，能不能凑合？"

"我能把马掌钉上，但是不能像其他几个那么牢靠。"

"能不能挂住？"马夫问。

"应该能，"铁匠回答，"但我没把握。"

"好吧，就这样，"马夫叫道，"快点，要不然国王会怪罪到

咱们俩头上的。"

两军交上了锋，查理国王冲锋陷阵，鞭策士兵迎战敌人，"冲啊，冲啊！"他喊着，率领部队冲向敌阵，远远地，他看见战场另一边几个自己的士兵退却了。如果别人看见他们这样，也会后退的，所以查理策马扬鞭冲向那个缺口，召唤士兵调头战斗。

但还没走到一半，一只马掌掉了，战马跌翻在地，查理也被掀在地上。

查理还没有再抓住缰绳，惊恐的畜生就跳起来逃走了。查理环顾四周，他的士兵们纷纷转身撤退，敌人的军队包围了上来。

他在空中挥舞宝剑，"马！"他喊道，"一匹马，我的国家倾覆就因这一匹马。"

他没有马骑了，他的军队已经分崩离析，士兵们自顾不暇。不一会儿，敌军俘获了查理，战斗结束了。

从那时起，人们就说：

少了一个铁钉，丢了一只马掌；

少了一只马掌，丢了一匹战马；

少了一匹战马，败了一场战役；

败了一场战役，失了一个国家。

所有的损失都是因为少了一个马掌钉。

因为一个铁钉，则失了一个国家。同样，一个细节的忽视，尤其是关键细节，也可以使你失去一份不错的工作，乃至影响你的整个职业生涯。

因此，一个优秀的员工，是从不忽视关键细节的。

康·尼·希尔顿是希尔顿饭店的创始人，他这样要求他的员工："大家牢记，万万不可把我们心里的愁云摆在脸上！无论饭店本身遭到何等的困难，希尔顿员工的脸上永远是微笑的阳光。"

正是这小小的微笑，让希尔顿饭店的身影遍布世界各地。

有许多不起眼的小事情，却蕴藏着成功的必然。细节的力量是无穷大的，只有懂得并重视它的人，才能得到它的垂青。

有人说，一滴水可以折射出整个太阳的光辉，一件小事同样可以看出一个人的内心世界。一个员工有没有责任感，并不仅仅是体现在大是大非上，而是体现在细微的小事中。

吉拉德是一家汽车公司的区域代理，他每年所卖出去的汽车比其他任何经销商都多，甚至销售量比第二位要多出两倍以上，在汽车销售商中，令人难以望其项背。当有人问及吉拉德成功的秘诀时，他坦言相告："我每个月要寄出 1.3 万张卡片，有一件事许多公司没能做到，而我却做到了，我对每一位客户建立了销售档案，我相信销售真正始于售后。并非在货物尚未出售之前……顾客没有踏出店门之前，我的儿子就已经写好'鸣谢惠顾'的短札了。"

吉拉德每个月都会给客户寄一封不同格式、颜色信封的信（这样才不会像一封"垃圾信件"，还没有被拆开之前，就给扔进垃圾筒了），1 月顾客们打开信看，信一开头就写着："我喜欢你！"接着写道："祝您新年快乐，吉拉德敬贺。"2月他会寄一张"美国国父诞辰纪念日快乐"的卡片给顾客……顾客们都很喜欢这些卡片。吉拉德自豪地说："我给所有的顾客都建立了档案，我会根据他们的兴趣和爱好的不同，分别给他们寄不同的卡片。而且，给同一客户寄的卡片中，也绝不会有雷同的卡片。"吉拉德通过这些细致的工作，赢得了良好的口碑和众多回头客，而且很多顾客还介绍自己的朋友来吉拉德这儿买车。

应当强调指出，吉拉德的这些做法绝不是什么虚情假意的噱头，而是一种爱心、一种责任感、一种高明的销售技巧的自然流露，更是把事做到位、做到细节上的具体体现。

◬ 不公开批评他人

当我们批评他人时，先想想自己："我做得怎么样？是否应该完全怪罪他人？"这样你也许会完全改变自己的想法和行为。

马佐尼小姐是一位食品包装业的市场行销专家，她的第一份工作是一项新产品的市场测试。她曾总结道：

"当结果出来时，我可真惨了。我在计划中犯了一个极大的错误。整个测试都必须重来一遍。更糟的是，在下次开会我要提出这次计划的报告之前，我没有时间去跟我的老板讨论。

"轮到我报告时，我真是怕得发抖。我尽了全力不使自己崩溃，因为我知道我决不能哭，而那些人以为女人太情绪化而无法担任行政业务。我的报告很简短，只说是因为我发生了一个错误，我在下次会议会重新再研究。我坐下后，心想老板定会批评我一顿。

"但是，他只谢谢我的工作，并强调在一个新计划中犯错并不是很稀奇的事。而且他相信，我第二次的普查会更确实，对公司更有意义。

"散会之后，我的思想纷乱，我下定决心，我决不会再让我的老板失望。"

"好言一句三冬暖，恶语一句六月寒"，语言的影响如此之大，掌握了言辞的魅力，便能让你的处世之道畅通无阻。

"为什么××总是和我作对？这家伙真让人烦！""××总是和我抬杠，不知道我哪里得罪他了？"办公室里常常会飘出这样的话语。要知道这些话语是职场中的"软刀子"，是一种杀伤性和破坏性很强的武器，这种伤害可以直接作用于人的心灵，它会让受到伤害的人感到厌倦不堪。经常性地搬弄是非，会让单位同事对你产生一种唯恐避之不及的感觉。要是到了这种地步，相信你在这个单位的日子也不太好过，因为到那时已经没有同事把你当回事了。

有的人在白天工作时受到上司没有道理的一顿批评后，喜欢晚上约个同事小喝一杯，然后对着同事发牢骚，认为同事既然和自己喝酒了，应该站在自己这一方，借着酒气，对上司大肆抱怨起来。类似这种事情一定要避免，不论多么值得信赖的同事，当工作与友情无法兼顾的时候，朋友也会变成敌人。在同事面前批评上司，无疑是给别人丢下把柄，有一天身受其害都不明白是怎么回事。

如果你确实知道一个人错了，你又唐突地告诉他，结果会怎样？可以举一个特殊例子证明：S先生，一位纽约青年律师，最近在美国最高法院为一个重要案件辩护。这个案件涉及大量资金和重要法律问题。

在辩论中，最高法院的一位法官对S先生说："《海军法》限制条文是6年，是不是？"

S先生停住，注视某法官片刻，然后唐突地说道："审判长，《海军法》中没有限制条文。"

"法庭上顿时静了下来，"S先生在叙述他的教训时说，"室内的温度好像降到了零摄氏度。我是对的，这位法官是错的，我却当众告诉了他。但那样会使他友善吗？不，我相信我有《海军法》作为我的根据，而且我知道我那次说话的态度比以前都好，但我没说服他。我犯了大错，当众告知一位极有学问的著名人物：他错了。"

⚠ 不占公司的小便宜

真正能让你在公司乃至社会昂首挺胸的不是你的存款，不是身边漂亮的女人，也不是你天才的独门技术，而是一个人高尚的品格。

有一个老锁匠，手艺远近闻名，更让人敬重的却是他的人品。因为他每次为顾客配钥匙，总要告诉人家自己的姓名和住址，说："如果你家发生了盗窃，只要家门是用钥匙打开的，你就来找我！"

老锁匠老了，为了不让自己的手艺失传，他决定在两个年轻的徒弟中选一个做自己的接班人。为此，他进行了一次考试。他准备了两个保险箱，分别放在两个房间，事先规定，谁能在最短的时间里打开，谁就有资格得到自己的真传。

大徒弟不到 10 分钟就打开了保险箱，二徒弟却用了更多的时间。答案好像已经十分明显。可就在这时，老锁匠突然向大徒弟发问道："保险箱里有什么？"

大徒弟连忙回答："师傅，里面有很多钱。"

这个同样的问题又给了二徒弟，二徒弟支支吾吾了半天，不好意思地说："师傅，我只是开锁，没注意里面。"

老锁匠点点头，把保险箱里的钱给了大徒弟，宣布二徒弟为自己的接班人。大徒弟不服气，在场的许多看热闹的人也都议论纷纷，很不理解。老锁匠说话了："我培养接班人有一个根本的标准，就是他必须做到心中只有锁而无其他，对钱财视而不见。否则，心存私念和贪心，一旦把持不住，去登门入室或打开人家保险箱取钱都易如反掌，最终只能是害人害己。我们修锁的人，每个人心上都要有一把不能打开的锁啊。"

正如老锁匠所说，每个人都要为自己的贪欲加把锁，要有好的德行，正所谓"在心为德，施之为行"，要成为一个优秀员工，首先要成为一个具有良好德行的人。

一个不忠于自己公司的职员，很难得到别的公司的欣赏。当你卖弄本事，表示自己有办法，偷偷把自己公司的消息告诉别人时，即便他人得了好处，也不会尊重你，只可能窃笑说："这人最没城府，以后找他下手。"

你可以能力有限，你可以处事不够圆滑，你可以有些诸如丢三落四的小毛病，但你绝对不可以不忠诚。忠诚是上司对员工的第一要求。

最低级背弃忠诚的游戏，往往从贪小便宜开始。任何一家正规、资深的公司，再严密的制度，总会有漏洞。如果你趁人不备悄悄挂个私人长途；或趁上司不在意时，悄悄塞上一张因私打的发票，让其签字报销；上班时，明明迟到，卡上却填因公外出；更有甚者，当客户来访时，给你悄悄带来一份礼物，以答谢你在业务往来中曾经给过他的帮助，而这一帮助，恰恰是以牺牲本公司的利益为代价的。细雨无声，倘若让这种"酸雨"淋了你的心，你就会慢慢地被腐化。公司绝对厌恶贪小便宜的人。上司会把它看作是品质问题，一旦上司对你有了这种印象，就会失去对你的信任。

凯斯特是一家公司的采购部经理。一天，他看到公司的圆珠笔异常精美，便不断地拿些回家，给他上学的女儿使用。这些东西被女儿的老师看见了，而该老师的丈夫，恰好正是与这家公司有业务往来的高级主管。

该高级主管了解这件事后，说道："这家公司的风气太坏了，公司的员工只想着自己而不是公司，这样的公司怎么能有诚意做好生意呢？"于是他中止了与该公司的合作计划。

▲ 每天补充专业知识

在风云变幻的职场中，不善于学习的人瞬间就会被甩到后面。

一个颇有魄力的总经理在公司的经理会上说了这样一番话："如果现在公司命令你担任技术部长、厂长或分公司的经理，你们会怎样回答？你会以'尽力回报公司对我的重用。作为一个厂长，我会生产优良产品，并好好训练员工'回答我，还是以'我能胜任厂长的职务，请放心地指派我吧'来马上回答呢？

"一直在公司工作，任职十年以上，有了十年以上的工作经验的你们，平时不断地锻炼自己、不断地进修了吗？一旦被派往主管职位的时候，有跟外国任何公司一决高下、把工作做好的胆量吗？如果谁有把握，那么请举手。"

发现没有人举手后，他继续说："各位可能是由于谦虚，所以没有举手。到目前，很多深受公司、同行和社会称赞的前辈，都是因为在委以重任时，表现优异。正是由于他们的领导，公司才有现在的发展，他们都是从年轻的时候起，就在自己的工作岗位上不断地进修，不断地磨炼自己，认真学习工作要领。当他们被委以重任时，能够充分发挥自己的力量，带来出色的成果。"

的确，一个人的知识是有限的，能力也是有限的，真正优秀的员工清楚，只有在工作岗位上不断地学习，磨炼自己，才能不断提高自己的专业水平和能力，满足公司发展的要求。

随着岁月的流逝，你赖以生存的知识、技能也一样会折旧。在风云变幻的职场中，脚步迟缓的人瞬间就会被甩到后面，如果你是工作数年自认为"资深"的员工，也不要倚老卖老、妄自尊大，否则很容易被淘汰出局，那时候即使你是老板眼前的红人，他也会为了公司的利益，逐你出局。

美国职业专家指出，现代职业半衰期越来越短，所以高薪者若不学习，无须五年就会变成低薪。

就业竞争加剧是知识折旧的重要原因。据统计，25 周岁以下的从业人员，职业更新周期是人均 1 年零 4 个月。当 10 个人中只有 1 个人拥有电脑初级证书时，他的优势是明显的；而当 10 个人中已有 9 个人拥有同一种证书时，那么原来的优势便不复存在。未来社会只有两种人：一种是忙得要死的人，另外一种是找不到工作的人。

所以，不断地学习才是最佳的工作保障。

在职场上奋斗者的学习必须积极主动，因为它有别于学校学生的学习：缺少充裕的时间和心无杂念的专注，以及专职的传授人员。要想在当今竞争激烈的商业环境中胜出，就必须学习从工作中吸取经验、探寻智慧的启发以及有助于提升效率的资讯。

1. 在工作中学习

年轻的彼得·詹宁斯是美国 ABC 晚间新闻当红主播，他虽然连大学都没有毕业，但是却把事业作为他的教育课堂。最初他当了三年主播后，毅然决定辞去人人艳羡的主播职位，决定到新闻第一线去磨炼，干起记者的工作。他在美国国内报道了许多不同路线的新闻，并且成为美国电视网第一个常驻中东的特派员，后来他搬到伦敦，成为欧洲地区的特派员。经过这些历练后，他重又回到 ABC 主播台的位置。此时，他已由一个初出茅庐的年轻小伙子成长为一名成熟稳健又广受欢迎的记者。

通过在工作中不断学习，你可以避免因无知滋生出的自满损及你的职业生涯。专业能力需要不断提升技能组合以及刺激学习的能力相配合。所以，不论是在职业生涯的哪个阶段，学习的脚步都不能停歇，要把工作视为学习的殿堂。你的知识对于所服务的公司而言可能是很有价值的宝库，所以你要好好自我监督，别让自己的技能落在时代的后面。

2. 努力争取培训的机会

多数企业都有自己的员工培训计划，培训的投资一般由企业作为人力资源开发的成本开支。而且企业培训的内容与工作紧密相关，所以争取成为企业的培训对象是十分必要的。为此你要了解企业的培训计划，如周期、人员数量、时间的长短，还要了解企业的培训对象有什么条件，是注重资历还是潜力，是关注现在还是关注将来。如果你觉得自己完全符合条件，就应该主动向老板提出申请，表达渴望学习、积极进取的愿望。老板对于这样的员工是非常欢迎的，同时技能的增长也是你升迁的能力保障。

3. 自己进补抢先机

在公司不能满足自己的培训要求时，也不要闲下来，可以自掏腰包接受"再教育"。当然，首选应是与工作密切相关的科目，其他还可以考虑一些热门的项目或自己感兴趣的科目，这类培训更多意义上被当作一种"补品"，在以后的职场中会增加你的"分量"。

随着知识、技能的折旧越来越快，不通过学习、培训进行更新，适应性自然越来越差，而老板又时刻把目光盯向那些掌握新技能、能为公司提高竞争力的人。

未来的职场竞争将不仅是知识与专业技能的竞争，更重要的是学习能力的竞争，一个人如果善于学习，他的前途会一片光明。

🔺 提高工作效率从整理办公桌开始

美国管理学博士彼得·德鲁克在其《有效的经营者》一书中写道："我赞美彻底和有条理的工作方式。一旦在某些事情上投下了心血，就可减少重复，开启了更大和更佳工作任务之门。"

工作无序，没有条理，必然浪费时间。试想，如果一个搞文字工作的手里资料乱放，本来一天就能写好的材料，找资料就找了半天，岂不费事？

西方的"支配时间专家"运用电子计算机做了各种测定后，为人们支配时间提出了许多合理化建议，其中有一条就是"整齐就是效率"。他们比喻说：木工师傅的箱子里，各种工具排列有序，不同长度的钉子分别摆放，使用起来随手可得。每次收工时把工具放回固定的位置同把工具胡乱丢进箱子里所费时间相差无几，而工作时效率却大不一样。

工作有条理，既是最容易的事情，也是最困难的事情。一位管理人员叹息说："我最大的问题之一就是不能把事情组织得有条有理。"我们经常看见一些青年学生的书包里，甚至高级管理人员的公文包里，简直像一个废物箱：啃了一半的面包，掉了皮的杂志，卷了角的书，几块口香糖，一叠废纸，等等。

办公桌面是否整洁，是工作条理化的一个重要方面。一位西方的老牌管理者在解释办公桌上的东西是如何堆积起来时说："这是因为我们不想忘记所有的东西。我们把想记住的东西放到办公桌上一堆资料的顶部，这样就可以看到它们。"问题是东西堆得越来越高，当我们不能记起下面放的是什么东西时，就开始在资料堆里寻找。这样，时间就浪费到查找丢失的东西上。据统计，有95%以上的管理者都为办公桌上堆满东西而苦恼。

作为一名优秀员工，你需要做的是：

把你办公桌上所有与正在做的工作无关的东西清理出来，把立即需要办理的找出来，放在办公桌中央，其他的按照分类分别放入档案袋或者抽屉里。这样做的目的是提醒你，你现在所做的工作应该是此刻最重要的工作，你一次只能做一项工作，你要把所有精力集中在这件事上，不能让其他工作影响你。

不要因为受到干扰或者疲倦放下正在做的工作，转而去做其他不相干的事情，除非你是去楼外呼吸一下新鲜空气。因为如果此项工作还未结束，就又开始另一项工作的话，你的办公桌就会开始混乱。你一定要力求把你手头的工作做完后再开始另外的事情，即使这项工作遇到了阻碍，你也要尽量完成到一个再做它时容易开始的阶段。

一项工作做完后，一定要把与这项工作相关的资料收拾整齐，并按照类别把它们放到合适的位置，千万不要把它们就这样摊放在办公桌上。下一步，你该核对一下剩下的工作，然后去进行第二项最重要的工作。

从办公桌上拿开目前不需要的书籍文件，对它们可以按照重要性和先后顺序的原则，进行分类。

再下一步，就要开始的工作是先大致看一下文件内容，然后根据内容放入不同的档案袋中，并在档案袋外面加以简单注明。待办的，即以后可能要处理的但不是当前的重要工作，可以将它们的相关资料进行归类，然后放入抽屉中。空闲时间的阅读材料，也就是一些自己爱看的书、杂志、每日的报纸等，这些最好看完之后都放入自己的办公柜中，不要在你的面前摆着，因为你的兴趣很有可能把你从工作中移走，而且它们还会占据你本来就不大的有用空间。

另外，对和你工作相关的或者对你有用的客户、媒体、出版社及其他各界朋友的名片或者来访者所留姓名、电话、地址、电子邮件等，也一定要分门别类登记放好，以便随时查阅。

在每天下班前，你可以抽出几分钟把办公桌收拾干净，并且每天都按照以上的标准进行清理，这样你就可以结束今天的工作，迎来明天一个好的开始了。长此下去，养成习惯，你的办公桌一定会保持整洁，而这对于你的工作，是有百利而无一害的。

⚠ 只要还能坚持上班就不请假

努力不一定成功，但成功者一定努力，双手插在口袋里的人爬不上成功的梯子。要想取得成功，除了努力工作没有任何捷径。辛勤实干是取得杰出成就必须付出的代价。

有一家制造厂选在 12 月 25 日作为庆典日，这之前的一段日子里，公司上上下下都忙得不可开交。

这时，有一个员工患了感冒，他向上司请假，说要到医院看病去，上司说这段时间很忙，能坚持就坚持，实在不行，再去看病。这个员工说大病都是小病引起的，上司只好批准他请病假，并抽调别人临时代替他的工作。

下午，上司陪一位客户去一个旅游景点游玩，却看到那个请病假的员工跟自己的女友在景点旅游，精神很好，看不出有什么病的样子，这位上司很生气，从此对这个员工的印象大打折扣。

试想，如果你是老板，你还会继续任用这样的员工吗？

作为优秀员工，在上班时间请假外出游玩，在公司需要你的时候临阵逃脱，这是绝对不允许的。这样做的唯一后果——只有失业。

你不要随便找个借口就去找老板请假，比如身体不好，家里有事，孩子生病……这样次数一多，会让任何一个老板无法接受。

小李和小张都是某公司销售科的业务骨干。当公司要在她们当中选拔一个人担任销售科经理时，对她们的业绩进行了考核，发现她们业绩相当，协调性、创造性等各项条件也不相上下。

在这种情况下，老板很难判断到底谁比较好。因为一旦做出了错误的判断，就很可能会引起下属的不满，有失公平之嫌。这时，最容易用来作为判断标准的就是出勤率。

于是，小李因为多请了几次假，而丧失了这个升职的好机会。

作为一个上班族中的优秀员工最好不要经常借故请假，即使生病，只要还能上班就不要请假。否则，就可能会给人留下不好的印象：接二连三地请假，真是太不负责任了！

对公司而言，某些纪念日或遇到任务量突然加大、必须及时完成的特殊日子，身为公司的一员，更不应缺席。

就算不是公司特别的日子，自己负责的工作也无论如何都不能缺席，如一项重要的合约签订的日子，一次重要会议召开的日子，等等。

然而，正是因为在这样特别的日子里所负的责任很重要，所以有些人产生了逃避的心态，这可以理解，但因此动不动就请假却不是一个上班族应有的所为。为了自己的方便而随意请假，必然会造成他人和公司的不便。一个人负不负责任从这里就可以看出来。

如果一切按照公司的规定，而且在不影响工作的情况下请假，这样自然没有问题。但是，如果毫无计划地请假，只要一有事，哪怕是一件微不足道的私人小事就请假，还自我安慰说："反正我把工作做完了，就算今天请假，明天我会多做一点，没什么大不了的。"那就会给你日后工作造成麻烦，甚至影响个人的前途。

本来享用自己应有的休假是一件无可厚非的事情。但是如果不考虑公司的具体情况，不考虑是否会给同事们带来麻烦，有没有与别人的假期冲突或目前是不是公司的业务繁忙期等，只根据自己的意愿任意休假，就是一种不负责任的表现。

虽然说休假是个人的自由，如果毫无计划，只要一有事就休假，这对一个上班族来说，有时事业会遭到严重的打击。如果当有机会升级时，你与竞争对手各方面都旗鼓相当，这时上司在斟酌判别谁较优秀时，最能给上司提供判断标准的就是你们两个人的出勤率。因此，作为职员的你，千万不可小看了休假这件事。当你准备休假时，要三思而后行。

如果需要休假，应选在工作完成后，或已把工作安排妥当的时间，不然造成工作上的麻烦，使大家不方便，就显得自己有点自私了。在打算休假时，应提早几天，先在私下里征求上司的意见，待得到批准后，再正式提出休假申请，并把手头的工作处理完毕。尚需一段时日才能处理的工作，应向同事交代清楚，有可能的话最好留下联系方式。待一切都交代清楚后，再离开公司正式休假。假期中应当同公司联系，询问你负责工作的状况，与公司保持联络。

假期结束后，上班的第一天，要先向上司报到销假，进入办公室要记住与同事们打招呼，并急切地询问工作的进展情况，给人一种虽然人去休假了，但心还在公司、还在工作上的印象。

第四章 社交微习惯：

管好自己赢得别人的交际小技巧

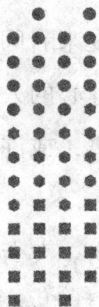

⚠ 换位思考

在沟通中，换位思考的习惯十分重要。有句英国谚语说："要想知道别人的鞋子合不合脚，穿上别人的鞋子走一英里。"工作中因为某件事发生了冲突，有人会说"你坐那个位置看看，也要这样做"，说的也是换位思考的习惯。

在人际相处和沟通里，"换位思考"扮演着相当重要的角色。用"换位思考"指导人的交往，就是让我们能够易地而处，能设身处地理解他人的情绪，感同身受地明白、体会身边人的处境及感受，并可及时地回应其需要。要充分体会他人情感和在交流中的需要，正确地表达自己的意图，能够从他人的角度理解问题，才会有真正意义的沟通。

"同理心"是一个重要的心理学概念。它的基本意思是说，你要想真正了解别人，就要学会站在别人的角度来看问题。同理心是同情、关怀与利他主义的基础，具有同理心的人能从细微处体察到他人的需求。下面我们来看一个故事，或许有助于你对同理心的理解：

一位母亲在圣诞节带着 5 岁的儿子去买礼物。大街上回响着圣诞赞歌，橱窗里装饰着彩灯，盛装可爱的小精灵载歌载舞，商店里五光十色的玩具琳琅满目。

"一个 5 岁的男孩将以多么兴奋的目光观赏这绚丽的世界啊！"母亲毫不怀疑地想。然而她绝对没有想到，儿子紧拽着她的大衣衣角，呜呜地哭出声来。

"怎么了？宝贝，要是总哭个没完，圣诞精灵可就不到咱们这儿来啦！"

"我……我的鞋带开了……"

母亲不得不在人行道上蹲下身来，为儿子系好鞋带。母亲无意中抬起头来，啊，怎么什么都没有？——没有绚丽的彩灯，没有迷人的橱窗，没有圣诞礼物，也没有装饰丰富的餐桌……原来那些东西都太高了，孩子什么也看不见。落在他眼里的只是一双双粗大的脚和妇人们低低的裙摆，在那里互相摩擦、碰撞……

真是可怕的情景！这是这位母亲第一次从 5 岁儿子目光的高度眺望世界。她感到非常震惊，立即起身把儿子抱了起来……

从此这位母亲牢记，再也不要把自己认为的"快乐"强加给儿子。"站在孩子的立场上看待问题"，母亲通过自己的亲身体会认识到了这一点。

我们没有必要把自己的想法强加给别人，但是却必须学会从别人的立场来看待问题，这样可以避免很多不必要的冲突。

我们有这样一种喜欢匆匆忙忙以好的建议来解决问题的倾向。但我们往往不能首先花一些时间进行诊断，去深入了解问题的症结所在。

同理心是一种换位思考的习惯，强调一个人要站在别人的角度上来考虑问题。然而，仅仅站在别人的角度来理解是不够的，同理心还有着更深层面的东西。我们可以把同理心分为两个层次。表层的同理心就是站在别人的角度上去理解，了解对方的信息，听明白对方在说什么。做到这一点，就达到了表层的同理心。深层次的同理心是理解对方的感情成分，理解对方隐含的成分，才是真正听懂了对方的"意思"，才是深层的同理心。

在沟通中，光有表层的同理心是远远不够的，我们还要有深层的同理心，这样才能真正听懂对方的"意思"。尤其是我们中国人，不习惯表达自己的思想和观点，很多情况下是向对方暗示，让对方"猜"。如果不知道通过"感情成分"和"隐含成分"来了解真实的信息，就会造成沟通的障碍。

⚠ 积极倾听

古希腊的哲学家苏格拉底，作为有名的对话大师，认为自己是一个助产师，是帮助别人形成自己正确看法的人。通过倾听，我们可以帮助对方形成与完善他的想法。即使想表达自己的某种看法也应当借用对方的话做一引申，如"就像你刚才说的""正如你所指出的那样"等，这一方面表明你重视并记住了他的话，另一方面也使对方感到你是在做一种补充说明，说明你不仅在听，而且在思考。

一次成功的商业会谈的秘诀是什么？注重实际的学者以利亚说："关于成功的商业交往，没有什么神秘——专心注意对你讲话的人极为重要。没有别的东西会如此使人开心。"你无须读MBA也可以发现这一点。我们知道，如果一个商人租用豪华的店面，陈设橱窗珠光宝气，为广告花费成千上万元钱，然后雇佣一些不会静听他人讲话的店员——中止顾客谈话、反驳他们、激怒他们，甚至几乎要将客人驱逐出店门的店员，他的店面布置再豪华，恐怕过不了多久也是要关门的。

杰克是美国一家百货商店的经理，良好的倾听习惯是他解决客户抱怨的关键。

有一天，一名叫乌顿的先生在杰克负责的百货商店买了一套衣服。这套衣服令人感到失望：上衣褪色，把他的衬衫领子都弄黑了。

后来，乌顿将这套衣服带回该店，找到卖给他衣服的店员，告诉店员事情的情形。他想诉说此事的经过，但被店员打断了。"我们已经卖出了数千套这种衣服，"这位店员补充说，"你还是第一个来挑剔的人。"

正在激烈辩论的时候，另外一个店员加入了。"所有黑色衣服起初都要褪一点颜色，"他说，"那是没有办法的，这种价钱的衣服就是如此，那是颜料的关系。"

"这时我简直气得起火，"乌顿先生讲述了他的经过说，"第一个店员怀疑他的诚实，第二个店员暗示我买了一件便宜货。

我恼怒起来，正要与他们争吵，此时，一名叫杰克的经理走了过来，他懂得他的职责。正是他使我的态度完全改变了。"他将一个恼怒的人，变成了一位满意的顾客。他是如何做的？他采取了三个步骤：

第一，他静听我从头至尾讲述事情的经过，不说一个字。

第二，当我说完的时候，店员们又开始要插话发表他们的意见，他站在我的立场与他们辩论。他不仅指出我的领子是明显地被衣服所染污，并且坚持说，不能使人满意的东西，就不应由店里出售。

第三，他承认他不知道毛病的原因，并坦率地对我说："你要我如何处理这套衣服呢？你说什么，我可照办。"

就在几分钟以前，我还预备告诉他们留下那套可恶的衣服。但我现在回答说："我只要你的建议，我要知道这种情形是否暂时的，是否有什么办法解决。"

他建议我再试一个星期。"如果到那时仍不满意，"他应许说，"请你拿来换一套满意的。让你这样不方便，我们非常抱歉。"

我满意地走出了这家商店。到一星期后这衣服没有毛病。我对于那家百货商店的信任也就完全恢复了。

柔能克刚。杰克的经历告诉我们，始终挑剔的人，甚至最激烈的批评者，常会在一个有忍耐和同情心的倾听者面前软化降服。

费城电话公司数年前应付过一个曾咒骂接线生的最暴躁的

顾客。他咒骂、发狂，并恫吓要拆毁电话，他拒绝支付某种他认为不合理的费用，他写信给报社，还向公众服务委员会屡屡投诉，并使电话公司引起数起诉讼。

最后，公司中的一位最富技巧的"调解员"被派去访问这位暴戾的顾客。这位"调解员"静静地听着，并对其表示同情，让这位好争论的老先生发泄他的牢骚。

"他喋喋不休地说着，我静听了差不多三小时，"这位"调解员"叙述道，"以后我再到他那里，继续听他发牢骚，我共访问他四次，在第四次访问完毕以前，我已成为他正在创办的一个组织的会员，他称之为'电话用户保障会'。我现在仍是该组织的会员。有意思的是，就我所知，除老先生以外，我是世上唯一的会员了。"

"在这几次访问中，我静听，并且同情他所说的任何一点。我从未像电话公司其他人那样同他谈话，他的态度也变得友善了。我要见他的事，在第一次访问时，没有提到，在第二、第三次也没有提到，但在第四次，我圆满地结束了这一事件，他把所有的账都付清了，并在他与电话公司的诉讼中，他第一次撤销他向公众服务委员会的申诉。"

案例中这位老先生自认为公义而战，保障公众权利，不受无情地剥削，但实际上他要的是被人看作重要人物的感觉。他先由挑剔抱怨得到这种感觉，但在他从"调解员"那里得到满足后，他的不切实际的冤屈随即消失得无影无踪了。

▲ 与人为善

曾经有一名商人在一团漆黑的路上小心翼翼地走着，心里懊悔自己出门时为什么不带上照明的工具。忽然前面出现了一点光亮，并渐渐地靠近。灯光照亮了附近的路，商人走起路来也顺畅了一些。待到他走近灯光时，才发现那个提着灯笼走路的人竟然是一位盲人。

商人十分奇怪地问那位盲人说："你本人双目失明，灯笼对你一点用处也没有，你为什么要打灯笼呢？不怕浪费灯油吗？"

盲人听了他的问话后，慢条斯理地回答道："我打灯笼并不是为给自己照路，而是因为在黑暗中行走，别人往往看不见我，我很容易被人撞倒。而我提着灯笼走路，灯光虽不能帮我看清前面的路，却能让别人看见我。这样，我就不会被别人撞倒了。"

这位盲人用灯火为他人照亮了本是漆黑的路，为他人带来了方便，同时也因此保护了自己。正如印度谚语所说："帮助你的兄弟划船过河吧！瞧，你自己不也过河了？！"

帮助需要帮助的人，对帮助别人的人更有益处。

玛格丽特·泰勒·耶茨是一位小说家，但她写的小说没有一部比得上她自己的故事那么真实而精彩，她的故事发生在日本偷袭珍珠港的那天早晨。耶茨太太由于心脏不好，一年多来一直躺在床上不能动，每天得在床上度过 22 个小时。最长的旅程是由房间走到花园去进行日光浴。即使那样，也还得靠着女佣的扶持才能走动。

耶茨当年以为自己的后半辈子就这样卧床了。如果不是日军来轰炸珍珠港，她永远都不能真正生活了。

发生轰炸时，一切都陷入了混乱。一颗炸弹掉在耶茨家附近，将她震得跌下了床。陆军派出卡车去接海、陆军军人的妻儿到学校避难。红十字会的人打电话给那些有多余房间的人。他们知道耶茨床旁有个电话，问她是否愿意帮忙做联络中心。于是耶茨记录下了那些海军、陆军的妻小现在留在哪里，这样红十字会的人才能叫那些先生们打电话到耶茨这里找自己的眷属。

耶茨很快发现她的先生是安全的。于是，她努力为那些不知先生生死的太太们打气，也安慰那些寡妇们——好多太太都失去了丈夫。这一次阵亡的官兵共计 2117 人，另有 960 人失踪。

开始的时候，耶茨还躺在床上接听电话，后来她坐在了床上。最后，她越来越忙，又很亢奋，居然忘了自己的毛病，她开始下床坐到桌边。因为帮助那些比她状况还惨的人，她完全忘我了，她再也不用躺在床上了，除了每晚睡觉的 8 个小时。耶茨发现，如果不是日本空袭珍珠港，她可能下半辈子都是个废人。此前，躺在床上的她总是在消极地等待，潜意识里已失去了复原的意志。

珍珠港遭袭是美国历史上的一大惨剧，但对耶茨个人而言，却是最重要的一件好事。这个危机给了耶茨一个活下去的重要理由，使她再也没有时间去想自己或照顾自己了。它让耶茨找到了一种力量，迫使她把注意力从自己身上转移到别人身上。

△ 善于发现别人的优点

人总是各有所长，各有所短，只有善于发现他人的优点，才能真正地使其为我所用。

骆驼很高，羊很矮。骆驼说："长得矮不好。"羊说："不对，长得高才不好呢。"骆驼说："我可以做一件事情，证明矮不好。"羊说："我也可以做一件事情，证明高不好。"

它们俩走到一个园子旁边。园子四周有围墙，里面种了很多树，茂盛的枝叶伸出墙外来。骆驼一抬头就吃到了树叶。羊抬起前腿，扒在墙上，脖子伸得老长，还是吃不着。骆驼说："你看，这可以证明了吧，矮不好。"羊摇了摇头，不肯认输。

它们俩又走了几步，看见围墙上有个又窄又矮的门。羊大模大样地走进园子去吃草。骆驼跪下前腿，低下头往门里钻，怎么也钻不进去。羊说："你看，这可以证明了吧，高不好。"骆驼摇了摇头，也不肯认输。

它们俩找老牛评理，老牛说："高有高的长处，矮有矮的长处；高有高的短处，矮有矮的短处。你们只看到别人的短处，看不到别人的长处，是不对的。"

金无足赤，人无完人，谁都会有自己的缺点。"尺有所短，寸有所长"，每个人也都有自己的优点。我们只有善于发现别人的优点，才能好好地利用这些优点为自己服务。

拿破仑一生中指挥过众多大战役，并屡屡得胜，一个重要的原因就是善于用人。拿破仑懂得，人总是各有所长，各有所短。因此，他选拔将才从不要求十全十美。他善于发现别人的优点和长处，并利用它来为自己服务。按这一原则，他果断选择了贝赫尔做他的参谋长。他说："贝赫尔缺乏果断，完全不适于指挥任务，但却具有参谋长的一切素质。他善于看地图，了解一切搜索方法，他对于最复杂的部队调动是内行。"这样的人，对一切都喜欢自作决定的拿破仑来说，无疑是一位最理想的参谋长。

钢铁大王安德鲁·卡内基曾经亲自预先写好他自己的墓志铭："长眠于此地的人懂得在他的事业过程中起用比他自己更优秀的人。"

大部分美国人都有一种特长，就是善于发现别人的优点，并能够吸引一批才识过人的良朋好友来合作，激发共同的力量。这是美国成功者最重要的、也是最宝贵的经验。

任何人如果想成为一个企业的领袖，或者在某项事业上获得巨大的成功，首要的条件是要有一种鉴别人才的眼光，能够识别出他人的优点，并在自己的发展道路上利用他们的这些优点。

一位商界著名人物说：他的成功得益于善于发现他人优点

的眼力。这种眼力使得他能把每一个职员都安排到恰当的位置上，而从来没有出过差错。不仅如此，他还努力使员工们知道他们所担任的位置对于整个事业的重大意义，这样一来，这些员工无须监督，就能把事情办得有条有理、十分妥当。但是，鉴别人才的眼力并非人人都有。许多经营大事业失败的人都是因为他们缺乏善于发现他人优点的眼力，他们常常把工作分派给不恰当的人去做。他们尽管本身工作非常努力，但他们常常对能力平庸的人委以重任，反而冷落了那些有真才实学的人，使他们埋没在角落里。

一个所谓的干才，并不是能把每件事情干得很好、样样精通的人，而是能在某一方面做得特别出色的人。比如说，对于一个会写文章的人，有人便认为是一个干才，认为他管理起人也一定不差。但其实，一个人能否做一个合格的管理人员，与他是否会写文章是毫无关系的。他必须在分配资源、制订计划、安排工作、组织控制等方面有专门的技能，但这些技能并不是一个善写文章的人就一定具备的。

世上成千上万的经商失败者，都败在他们把工作加在雇员的肩上，而不去管他们是否能够胜任、是否感到愉快。

一个善于用人、善于安排工作的人就会在管理上少出许多麻烦。他对于每个雇员的特长都了如指掌，也尽力做到把他们安排在最恰当的位置上。但那些不善于管理的人却往往忽视这一重要的方面，而总是考虑管理上一些鸡毛蒜皮的小事，这样的人当然要失败。

善于发现别人的优点，就要避免下面几种情况：

不以第一印象作为取舍判断的唯一标准。第一印象，往往最深刻，而且常会成为一种基本印象而影响对他人各方面的评价。俗话说，先入为主，讲的就是这个道理。人们很重视第一印象，但也应看到，第一印象得之于较短时间的接触，又无以往的经验作参照，主观性、片面性较强。所以，一定要注意其消极的一面，既不能因第一印象不好而全盘否定，又要防止被表面的堂皇所迷惑，"金玉其外，败絮其中"，这样的例子也屡见不鲜。要练就一番透过现象看本质的本事，在长期的相处中全面、正确地认识和了解他人。

不因一时一事评价人。某人刚犯了一个大错误，于是就说，他从来就不是好人，这是"近因效应"在作怪。在较为长期的交往中，最近的印象比最初的印象更占优势，这是一种心理惯性。由于这种惯性的作用，人们往往会以最近的印象来评价人。另外，还有所谓"光环"效应，即人的一种优点、优势放大变成了笼罩全身的"光环"，甚至原来的缺点也被掩盖或者蒙上了一层夺目的光彩，这种认知的最大失误就在于以偏概全。"借一斑而窥全豹"并不总是适合于一切人和事，个别和局部并不一定能反映全部和整体。在人的诸多行为或性格特征中抓住某个好的或不好的，就断定他是好人、坏人，无疑是幼稚的。恰当地、全面地认知他人，就要克服说好全好、说坏全坏的绝对化行为。

切莫先入为主。第一印象固然是一种先入为主，除此之外，在我们的头脑中，总有一些先在的、得之于各种途径的观念，并常常以此来评价和判断他人，因为这样所耗费的心理能量最少，也就是说，它最省事。但是，图省事往往会造成一些认知偏差。比如美国人开放，英国人保守，商人精明世故，农民老实本分……这些说法虽与某些人的特征相吻合，但绝不是各个如此，还要"具体问题具体对待"。人如其面，各个不同，不能用概念来衡量人，把人简单化。

不以自己的好恶评价人。每个人都有自己的好恶，如果投你所好，你就全面肯定，不合你的胃口就一棒打死，让个人好恶蒙蔽了眼睛，你当然很难发现别人真正的优点。

⚠ 赞美的习惯

每个人内心深处都有一个愿望，那个愿望就是：受到别人的赞美。

社区内新开设的店都装上了自动门，可是附近有一家超级市场却没有装设。在每天早晨和下午人们纷纷去买东西的时候，有个小男孩常站在超级市场玻璃门外，看到手里提着大包小包的人，就替他们拉开大门，让他们从容地走出来。

一次，有位太太问那小男孩："你看门看了这么多日子，一定得到了许多小费，你拿来做什么用？"

那小孩有点诧异地回答:"什么?他们都没有给我钱,可是他们都对我说:'你好棒!''谢谢你!'"

你也可以在自己的能力之内,轻易地增加这个世界里的快乐。怎么做呢?就是对人说几句真诚赞赏的话。或许,你明天就忘了今天所说的好话,但是听者却可能一生都珍惜着。

赞美应该说出来,让对方知道,如果你以为只放心里就行了,那就大错特错了。

有对夫妻,先生有边吃早餐边看报的习惯。有一天,当他叉起食物往口中放的时候,觉得味道不像往常,赶紧吐出来,拿开手中正看着的报纸仔细一瞧:竟然是一段菜梗!他立刻叫妻子过来问。

妻子说:"喔!原来你也知道火腿蛋与菜梗不同啊!我为你做了 20 年的火腿蛋,从不曾听你吭过一声,我还以为你食不知味,吃菜梗也一样呢。"

没有表达出来的赞美是没有人知道的。我们都需要别人的承认与鼓励,没有一件事比得上别人所给的赞美更重要。赞美能满足他们的自尊心和虚荣心,也能赢得他们对你的尊重。

今天你以友相待的报童,说不定哪天就成了一名医师,当你生病,由他来诊治时,你就会发现:肯定别人,也就扶持了自己,结果双方都是赢家。

康涅狄格州的芭蜜娜·邓安,在公司里的职责之一是监督一名清洁工的工作。他做得很不好,其他的员工时常嘲笑他,并且常常故意把纸屑或别的东西丢在走廊上，以显示他工作的差劲。这种情形很不好，而且增加了他的工作量。

芭蜜娜试过各种办法，但是都收效甚微。不过发现，他偶尔也会把一个地方整理得很整洁。芭蜜娜就趁他有这种表现的时候当众赞扬他。于是，他的工作就有改进，不久之后，他已经可以把清洁工作都做得很好了。现在对他的工作，其他人也大为赞扬。

真诚的赞扬可以收到效果，而批评和耻笑却会把事情弄糟。这一点在教育孩子方面表现得最明显。当孩子做错事时，父母如果一味地批评指责，就会使孩子承受长期的心理刑罚，会给孩子带来压制、苦恼、反抗的情绪，不利于他们的行为向好的方面转变。对于个别孩子来说，甚至会影响他的一生。

吉姆·金是一个非常有责任心的父亲。他希望自己的儿子约翰认真读书，将来可以成为一个有用的人。因此，从约翰上小学二年级开始，吉姆就开始对约翰提出严格的要求。他给约翰订立了几条规则：禁止他随便与街上那些孩子们一起逛大街，无所事事；不允许任何一门考试低于良；不允许看卡通节目；不允许玩电子游戏，等等。约翰只要偶尔违背这些规则，就会遭到严厉的斥责。可是，到了三年级的时候，约翰的成绩却已经连及格的档次都难以维持了。他似乎故意与父亲作对似的，偷偷地跑出去找孩子们玩耍。而且，他专门找那些被家长们视作无可救药的"坏"孩子，因为他感觉到自己与他们一样：在父母的眼里，是那种只会犯错误的孩子。

吉姆非常困惑，在与邻居们谈话时不断诉说自己的烦恼，可是，在他生活的那个小镇上，没有一个人可以给他指出错误。吉姆依旧采用自己认为正确的方法，对约翰实施更加严格的管教。结果，约翰在一次斗殴事件发生后，被带进了青少年管教所。

可怜的吉姆始终也弄不明白，为什么自己花费了那么多的心血，到头来却落得如此结局。

用赞扬来代替批评，是著名的心理学家史京勒心理学的基本内容，史京勒通过动物实验证明：由于表现好而受到奖赏的动物，它在被训练时进步最快，耐力也更持久；由于表现不好而受处罚的动物，它的速度或持久力都比较差。研究结果表明，这个原则同样适用于人。我们用批评的方式并不能改变他人，常会适得其反。汉斯·希尔也是一位著名的心理学家，他说："太多的证据显示，人都普遍地不喜欢受人指责。"

因批评而引起的愤恨，常常使人的情绪低落，对应该改进的状况，一点也不起作用。

历史全是由这些夸赞的真正魅力来做令人心动的注脚。例如：许多年前，一个10岁的男孩在那不勒斯的一家工厂做工。他一直想当一个歌星，但他的第一位老师却泄了他的气。他说："你不能唱歌，你根本五音不全，简直就像风在吹百叶窗一样。"但是他妈妈———一位穷苦的农妇———用手搂着他并称赞他说，妈妈知道他能唱，认为他有些进步了；妈妈节省下每一分钱，好让他去上音乐课。这位母亲的嘉许，改变了这个孩子的一生，他的名字叫恩瑞哥·卡罗素，他成了那个时代最伟大的歌剧演唱家。

赞美他人并不费力，只要几秒钟，便能满足他人内心的强烈需求。看看我们所遇到的每个人，寻觅他们值得赞美的地方，然后加以赞美，并把赞美他人变成一种习惯吧！

⚠ 善于用语言技巧建立融洽的人际关系

1. 经常使用文明用语

当你认识到了语言表达的重要性时，怎样才能正确地使用语言，建立起融洽的人际关系呢？持有这种疑问的人有很多。下面介绍一些建立融洽人际关系的语言表达秘诀：

首先，要恰到好处地使用文明用语。文明用语有"谢谢""不用谢""对不起""没关系"等。这些文明用语可以向别人表达感激的心情或歉意，沟通人与人的心灵，建立融洽的人际关系。在得到别人的帮助时，应真诚地说一声"谢谢"；若只是把感激之情埋在心底，对方会有一种不快的感觉，认为你不懂礼貌，今后也不会再帮助你。同样，在打扰别人、给别人添麻烦时，能真诚地说一声"对不起"，对方的气就会消去大半。恰当地使用文明用语是建立融洽人际关系的第一秘诀。

其次，多用"添加语言"也是非常重要的一个秘诀。"添加语言"有"实在对不起""真是不好意思""打搅您一下""麻烦您一下"等。

"主任，对不起，您多给我点儿时间""经理，我想麻烦您一下，请看一看这个计划"等。把这些语言添加进去，会使后面语句的语气变得委婉些。

"添加语言"还可以在某种程度上说明一件事情的状况。比如"吴经理在吗？"如果你回答："实在对不起……"则对方也可以立即推知吴经理不在这一事实情况了。

"添加语言"又称"缓冲语言"，如果多用这类"缓冲语言"，人际关系自然会变得融洽、和谐。

2.说话要真诚

由于说话态度不同，语言既可以成为建立和谐人际关系的最强有力的工具，也可以成为刺伤别人的利刃。

语言可以表现出一个人的人格。即使是口才比较笨拙的人，只要具有关怀对方的心情，其心情就能在话语间充分流露出来。相反，如果没有发自内心关怀对方的心情，即使用再多华丽的语言，也会被对方看穿。所以满怀真诚是最重要的。

昨天还是用学生腔随心所欲地讲话的人，突然让他使用交际语言讲话，做起来确实有些困难。交际语言没有用惯的话，总会觉得有些放不开，不能很好地使用。

舍去羞涩、丢掉娇气是作为社会成员所必须的条件。为了每个人每天都能心情愉快地工作，希望大家能深刻认识到语言的重要性，并能充分掌握交际语言的技巧。

"因为上司没有教我如何讲话""公司又没有组织教育"，这样说有些强词夺理，因为学会如何交际、掌握交际语言需要自己积极主动地博览群书，细心揣摩。

只有大致掌握了敬语之后，你才有可能学会真正意义上的措辞方法。敬语只不过是措辞的第一步而已。

⚠ 在任何时候都留有余地

一位顾客，到一家百货公司要求退回一件外衣。她已经把衣服带回家并且穿过了，只是她丈夫不喜欢。她解释说"绝没穿过"，并要求退换。

售货员检查了外衣，发现有明显干洗过的痕迹。但是，直截了当地向顾客说明这一点，顾客是绝不会轻易承认的，因为她已经说过"绝没穿过"。这样，双方可能会发生争执。于是，机敏的售货员说："我很想知道是否你们家的某位成员把这件衣服错送到干洗店去。我记得不久前我家也发生过一件同样的事情，我把一件刚买的衣服和其他衣服堆在一起，结果我丈夫没注意，把那件新衣服和一大堆脏衣服一股脑儿塞进了洗衣机。我怀疑你是否也遇到这种事情——因为这件衣服的确能看出被洗过的痕迹。不信的话，你可以跟其他衣服比一比。"

顾客看了看证据——知道无可辩驳，而售货员又已经为她的错误准备好了借口，给了她一个台阶下。于是她顺水推舟，乖乖地收起衣服走了。

故事中的售货员之所以能顺利解决这起小事件，避免纷争，关键之处就在于她事先替那名顾客找好了借口，留足了余地。我们要时刻注意留有余地。给他人留有余地，给缺憾留有余地，实际上都是给自己留有余地。

俗话说："人活脸，树活皮。"此话道出了人性的一大特点：爱面子。可是我们不能只爱自己的面子，而不给他人面子。每个人都有一道最后的心理防线，一旦我们不给他人退路，不让他人下台阶，他只好使出最后的一招——自卫。因此，当我们处世待人时，应谨记一条原则：给别人留有余地。

一句或两句体谅的话，对他人宽容一点，这些都可以减少对别人的伤害，保全他的面子，给他留余地。

多年以前，通用电气公司面临一项需要慎重处理的工作，免除查尔斯·史坦恩梅兹某一部门的主管之职。史坦恩梅兹在电器方面是一等的天才，但担任计算部门主管却是彻底的失败。然而，公司却不敢冒犯他。公司绝对解雇不了他——而他又十分敏感。于是他们给了他一个新头衔。他们让他担任"通用电气公司顾问工程师"——工作还是和以前一样，只是换了一个新头衔——并让其他人担任部门主管。

史坦恩梅兹十分高兴，通用公司的高级职员也很高兴。他们已温和地调动了他们这位最暴躁的大牌明星职员，而且他们这样做并没有引起一场大风暴——因为他们让他保全了面子。

让他人保全面子，这是十分重要的，而我们却很少有人想到这一点！我们残酷地抹杀了他人的感情，又自以为是，我们在其他人面前批评一位小孩或成人，找差错，发出威胁，甚至不去考虑是否伤害到别人的自尊。然而，一两分钟的思考，一句或两句体谅的话，宽容他人的过失，都可以减少对别人的伤害。

下一次，当我们必须解雇员工或惩戒他人的时候，不要忘了这一点。

一位审定合格的会计师马歇·葛伦杰说："解聘别人并不有趣，被人解雇更是没趣。我们的业务具有季节性，所以，当所得税申报热潮过了之后，我们得让许多人开路。我们这一行有句笑话：没有人喜欢挥动斧头。因此，大家变得麻木不仁，只希望事情赶快过去就好。通常，例行谈话是这样的：'请坐，史密斯先生。旺季已经过去了，我们已没什么工作可以给你做。当然，你也清楚我们只是在旺季的时候雇用你，因此……'

"这种谈话会让当事人失望，而且有一种损及尊严的感觉。所以，除非不得已，我绝不轻言解雇他人，而且会婉转地告诉他：'史密斯先生，你的工作做得很好（如果他是做得很好）。上次我们要你去纽瓦克，那工作很麻烦，而你处理得很好，一点也没有出差错，我们要你知道，公司十分以你为荣，也相信你的能力，愿意永远支持你，希望你别忘了这些。'结果如何？被遣散的人觉得好过多了，至少不觉得'损及尊严'。他们知道，假如我们有工作的话，还是会继续留他们做的，或是等我们又需要他们的时候，他们还是很乐意再回来。"

宾州的佛雷德·克拉克谈到了发生在他们公司的一段插曲：

"有一次开生产会议的时候，副总裁提出了一个尖锐的问题，是有关生产过程的管理问题。由于他气势汹汹，矛头指向生产部总监，一副准备挑错的样子。为了不在同事中出丑，生产部总监对问题避而不答。这使副总裁更为恼火，直骂生产总监是个骗子。

"再好的工作关系，都会因这样的火爆场面而毁坏。凭良心说，那位总监是个很好的雇员。但他再也不能留在公司里了。几个月后，他转到了另一家公司，据说表现很不错。"

假如我们是对的，别人绝对是错的，我们也往往因为让别人丢脸而毁了他的自尊。传奇性的法国飞行先锋和作家安托安娜·德·圣苏荷依写过："我没有权力去做或说任何事以贬抑一个人的自尊。重要的并不是我觉得他怎么样，而是他觉得他自己如何，伤害他人的自尊是一种罪行。"

世界上任何一位真正伟大的人，绝不浪费时间满足于他个人的胜利。

当一个人已经做出一定的许诺——宣布一种坚定的立场或观点后，由于自尊的缘故，便很难改变自己的立场或观点。这时你必须顾全他的面子，为对方铺台阶，如说一些有利对方的话。

"在那种情况下，任何人都想不到。"

"当然，我理解你为什么会这样想，因为当时你并不清楚事情的经过。"

"最初，我也这样想的，但后来我了解到全部情况，我就知道自己错了。"

这是每个人都懂得的——给别人留有余地。

即使对方犯错，而我们是对的，如果不给对方留有余地，也会毁了一个人。因此，你要帮助他人认识并改正错误，保全他人的面子，给他人留点余地。

⚠ 只能修正自己，不能修正别人

自制是一种能力，一种可贵的自我限制行为。快乐源于自制，只有做到自制，才会心安理得，才会快乐。

高尔基说："任何一点对自己的控制，都呈现着伟大的力量。"自制，能让自我从他人的怒火中取得温暖；自制，会使内心中的潮汐由狂涨趋于平静；自制，能让人产生充满理性的约束力；自制，还能让人生发出不怒自威的震慑力量。

在某国的特种部队，流传着这样一个故事。

一个有经验的间谍被敌军捉住以后，立刻装聋作哑，任凭对方用怎样的方法诱问他，他都绝不为威胁、诱骗的话语所动。等到最后，审问的人故意和气地对他说："好吧，看起来我从你这里问不出任何东西，你可以走了。"

你以为这个有经验的间谍是怎样做的？

他会立刻带着微笑，转身走开吗？

不会的！

没有经验的间谍才会那样做。要是他真这样做，他的自制力是不够的，这样的人谈不上有经验。有经验的间谍会依旧毫无知觉地呆立着不动，仿佛他对于那个审问者的话完全不曾听见，这样他就胜利了。

审问者原想以释放他使他产生麻痹，来观察他的聋哑是否是真实的。一个人在获得自由的时候，常常会精神放松。但那个间谍听了依然毫无动静，仿佛审问还在进行，这就不得不使审问者也相信他确是个聋哑人了，只好说："这个人如果不是聋哑的残废者，那一定是个疯子了！放他出去吧！"

就这样，间谍的生命以他特有的经验和自制力，保存下来了。

从这个故事中我们能得到什么启示？一个人的自制力便是力量！有时，为了获得真正的自由，必须有意识地克制自己。

上帝问人：世界上什么事最难？人说挣钱最难，上帝摇头。人说哥德巴赫猜想最难，上帝又摇头。人又说我放弃，你告诉我吧。上帝神秘地说是认识自己并且修正自己的弱点。的确，那些富于思想的哲学家也都这么说。

发现自己的弱点并克服它确实很难。理由繁多，因人而异，但是所有理由都源于两点：害怕发现弱点，害怕修正自己。

就像一个不规则的木桶一样，任何一个系统都有"最短的木板"，它有可能是某个人，或是某个行业，或是某件事情。聪明的人应该把它迅速找出来，并抓紧做长补齐，否则它带给你的损失可能是毁灭性的。很多时候，往往就是因为一个环节出问题而毁了所有的努力。

对于个人来说，下面的弱点是人们最有可能出现的短板。

1. 恶习

毫无疑问，不良的习惯可以说是每个人最大的缺陷之一，因为习惯会通过一再的重复，由细线变成粗线，再变成绳索，再经过强化重复的动作，绳索又变成链子，最后，定型成了不可迁移的不良个性。

人们在分分秒秒中无意识地培养习惯，这是人的天性。因此，我们必须仔细回顾一下，我们平时都培养了什么习惯？因为有可能这些习惯使我们臣服，拖我们的后腿。

诸如懒散、看连续剧、嗜酒如命以及其他各式各样的习惯，有时会不知不觉地把我们束缚、控制住，而这些无聊的习惯占用的时间越多，留给我们自己可利用的时间就越少。这时的不良习惯就像寄生在我们身上的病毒，慢慢地吞噬着我们的精力与生命，这时的习惯就成了一个人最大的缺陷，成了阻碍个人成功的主要因素。

所以，习惯有时是很可怕的，习惯对人类的影响，远远超过大多数人的理解，人类的行为 95% 是通过习惯做出的。事实上，成功者与失败者之间唯一的差别在于他们拥有不一样的习惯。而一个人的坏习惯越多，离成功就越远。

2.犯错

通常人们都不把犯错误看成是一种缺陷，甚至把"失败是成功之母"当成自己的至理名言。

如果一个人在同一个问题上接连不断地犯错误，这是任何一个成功人士都不能容忍的。一个不会在失败中吸取教训的人是不配把"失败是成功之母"挂在嘴边的。不管是缺乏吸取教训的意识还是能力，它都是一个人在获取成功道路上的致命缺陷。

还有一些人不管是在学习还是在工作中，犯错误的频率总是比一般人高。他们做事情总是马虎大意、毛毛糙糙。对他们而言，把一件事做错比把一件事做对容易得多，而且每当出现错误时，他们通常的反应都只是："真是的，又错了，真是倒霉啊。"

把犯错归结为倒霉是他们一向的态度，或许他们没有责任心，做事不够仔细认真，或许他们没有找到做事的正确方式，但无论出于哪一点，如果他们没有改正错误，这都将给他们的成功带来巨大的障碍。

3.马虎

一位伟人曾经说过："轻率和疏忽所造成的祸患将超乎人们的想象。"许多人之所以失败，往往因为他们马虎大意、鲁莽轻率。

在宾夕法尼亚州的一个小镇上，曾经因为筑堤工程质量要求不严格，石基建设和设计不符，结果导致许多居民死于非命——堤岸溃决，全镇都被淹没。建筑时小小的误差，可以使整幢建筑物倒塌；不经意抛在地上的烟蒂，可以使整幢房屋甚至整个村庄化为灰烬。

鉴于我们这些可知的和未知的错误，我们一定要学会修正自己，这本身就是一种能力。

做事中检点自己的言行对做事成功是必要的，虽然人们不用匕首，但人们的语言有时比匕首还厉害。一则法国谚语说，语言的伤害比刺刀的伤害更可怕。那些溜到嘴边的刺人的反驳，如果说出来，可能会使对方伤心痛肺。

孔子说："君子欲讷于言而敏于行。"即君子做人，总是行动在人之前，语言在人之后。

法国哲学家罗西法古说，如果你要得到仇人，就表现得比你的朋友优越；如果你要得到朋友，就要让你的朋友表现得比你优越。

而在这个世界上，那些谦虚豁达能够克制自己的人总能赢得更多的知己，那些妄自尊大、小看别人、高看自己的人总是令别人反感，最终在交往中使自己到处碰壁。

所以无论在什么情况下我们都要学会克制自己、修正自己。只有这样，我们才能够提高自己的能力，才能修复我们生活中的一切"短板"，才会受到人们欢迎，才能做好我们要做的事。

第五章

思考微习惯：
大处着眼小处着手的精准思维

⚠ 先找靶心后射击

当我们遇到问题，渴望通过方法来解决问题的时候，我们必须明确自己解决问题的真正目的和渴望通过解决问题所达到的目标，明确究竟什么才是我们真正想要的。一旦我们能清楚地知道这些，并且围绕着这些展开寻找解决之道，那将能省去许多走弯路所花费的精力和时间，也能使自己不钻入思维的死角。

著名的人力资源培训专家吴甘霖博士曾说过："要解决问题，首先要对问题进行正确界定。弄清了'问题到底是什么'就等于找准了应该瞄准的'靶心'。否则，要么劳而无功，要么南辕北辙。"

面对问题，人们的第一感觉，就是巴不得立即找到好的方法解决问题。这样的想法无可厚非，但是，如果连自己真正面对的问题是什么，自己通过解决这个问题将获得什么都无法确定或是没有想清楚，那无疑是操之过急了。

有这样一个故事：一群伐木工人走进一片树林，开始清除矮灌木。当他们费尽千辛万苦，好不容易清除完这一片树林中的矮灌木，直起腰来准备享受一下完成了一项艰苦工作后的乐趣时，却猛然发现，他们需要清除的不是这片树林，而是旁边的那片树林！生活中有许多人，就如同这些砍伐矮灌木的工人一样，常常只知道埋头干活儿，却不清楚自己的工作方向和目的，不知道自己所面临之问题的靶心所在。

1926 年，英国皇家学院院士肯·莱文在沙漠中发现一个叫比塞尔的小村庄，从这里走出沙漠只需要 3 天，可这里却从来没有人走出去过。

调查之后，肯·莱文终于发现，那里的人之所以走不出沙漠，是因为他们不认识北斗星，不能在茫茫的大漠中准确地辨识方向。他们所走的路线实际上不是直线而是一条弧线，因而无论向哪个方向走，最后都会回到原地。

肯·莱文教会了一个叫阿古塔儿的当地人，让他在沙漠中根据北斗星的位置辨识方向，阿古塔儿就成了那里第一个走出沙漠的人。

在我们的生命旅途中也有这样的沙漠，很多人走不出去，并不是因为沙漠太大，而是因为我们没有选定方向、找准目标。做事之前，如果不选定方向，行动起来就会偏离目标，自然也就很难达到预期的效果。

要解决一个问题，首先不是技巧，而是对问题的正确认识，即弄清楚"问题到底是什么"，找准了问题到底是什么，等于找准了你应该瞄准的"靶心"。只有对准"靶心"才能射中目标；只有认准目标、选对方法，才能做好事情。

第二次世界大战时期，苏联红军准备趁天黑向德军发动进攻。一切都筹备好了，可那天晚上偏偏天空中有星星，大部队在星空下很难做到高度隐蔽而不被发现。这该怎么办？一切都已经准备妥当，这是一个绝佳的时机，难道因为天空中有星星就放弃吗？苏军元帅朱可夫苦苦思索，但始终不得其解。

忽然，他停了下来，他意识到自己犯了个方向上的错误，让这个错误带入了错误的思考领域。"我们真的需要天黑吗？不是，我们选择天黑仅仅是希望借着夜色掩护部队，让德军看不到自己。我们真正要做的是让敌人看不见，我们的目的也是让敌人看不见我们的部队！"

有了这样的观念，朱可夫不再死死钻在"天黑"的牛角尖里寻找办法，而是将视线转移到真正的目的"让对手看不见"上来。他思考了很久，突然有了一个主意。一定是黑暗让人看不见吗？光亮同样能！他立即发出指示：将全军所有的大探照灯都集中起来，并立即准备向德军发起进攻。当苏军进攻时，140台大探照灯同时射向德军阵地。

极强的亮光使得隐蔽在防御工事里的德军根本睁不开眼。不能睁开眼睛，也就什么也看不见，只能挨打而无法还击。苏军势如破竹，很快突破了德军的防线。

只有方向正确才能减少干扰，要把自己的精力放在最重要的事情上。事实上，天下的事是永远做不完的，最难的不是不知道怎么去做，而是不知道做什么。如果只顾低头做事，却不知抬头看路，就会累得半死不活，却得不到什么实质性的效果。

△ 抓住问题的关键点

治病要讲究"对症下药"，解决问题也是一样的道理，要找对关键点，抓住问题的"症结"。当你在工作中遭遇难题，一筹莫展的时候，不妨让自己冷静下来，仔细分析一下问题，找到"症结"，对症下药，问题就可以顺利解决。

新加坡著名作家尤今有这样一次经历：当她还是一名记者时，一次，她托一位同事代买圆珠笔，并再三叮嘱："不要黑色的，记住，我不喜欢黑色，暗暗沉沉，肃肃杀杀。千万不要忘记呀，12 支，全部不要黑色。"第二天，同事把那一打笔交给她时，她差点昏过去：12 支，全是黑色的。

同事却振振有词地反驳："你一再强调黑色的，黑色的，忙了一天，昏沉沉地走进商场时，脑子里印象最深的两个词是：12 支，黑色。于是我就一心一意地只找黑色的买了。"其实，只要言简意赅地说，"请为我买 12 支蓝色的笔"，相信同事就不会买错了。从此以后，尤今无论说话、撰文，总是直入核心，直切要害，不去兜无谓的圈子。

由此可见，无论是工作、学习还是处理生活问题，都要讲究方法。只有抓住关键问题，切中问题的要害，才能使我们的工作和学习事半功倍。

有一家核电厂在运营过程中遇到了严重的技术问题，导致了整个核电厂生产效率的降低。核电厂的工程师虽然尽了最大的努力，但还是没能找到问题所在。于是，他们请来了一位顶尖的核电厂建设与工程技术顾问，看看他是否能够确定问题的所在。顾问穿上白大褂，带上写字板，就去工作了。在两天的时间里，他四处走动，在控制室里查看数百个仪表、仪器，记好笔记，并且进行计算。

临离开前顾问从衣兜里掏出笔，爬上梯子，在其中一个仪表上画了一个大大的"×"。"这就是问题所在。"他解释说，"把连接这个仪表的设备修理、更换好，问题就解决了。"顾问走后，工程师们把那个装置拆开，发现里面确实存在问题。故障排除后，电厂完全恢复了原来的发电能力。

大约一周之后，电厂经理收到了顾问寄来的一张1万美元的"服务报酬"账单。电厂经理对账单上的数目感到十分吃惊。尽管这个设备价值数十亿美元，并且由于机器的故障损失数额巨大，但是以电厂经理之见，顾问来到这里，只是到各处转了两天，然后在一个仪表上画了一个"×"就回去了。对于这么一项简单的工作收费1万美元似乎太高了。

于是，电厂经理给顾问回信说："我们已经收到了您的账单。能否请您将收费明细详细地逐项分列出来？好像您所做的全部工作只是在一个仪表上画了一个'×'，1万美元相对于这个工作量似乎是比较高的价格。"

过了几天，电厂经理收到顾问寄来的一份新的清单，上面写道："在仪表上画'×'：1美元；查找在哪一个仪表上画

'×'：9999 美元。"

这个简单的故事向我们揭示了一个深刻的道理：一个人，如果想在生活中获得成功、成就和幸福，一条最重要的定律——就是必须知道其生活中的每一个阶段的关键点何在，这是我们成就每一件事情的至关重要的决定因素。从重点问题突破，是高效能人士思考的习惯之一，如果一个人没有重点的思考，就抓不住事物的关键。那么，他做事的效率必然会十分低下。相反，如果他抓住了主要矛盾，解决问题就变得容易多了。

⚠ 在变化中化解问题

不通则变，一心求变的人要知道，变的极限是毁。用到思维上就是不破不立。学会变通地去应对工作中的困难，在变化中粉碎困难，我们定能做到无往不利。

从哲学的角度来讲，唯一不变的东西是变化本身。我们生活在一个瞬息万变的世界里，应当学会适应变化。尤其是职场中人，在竞争日益激烈的今天，要培养以变化应万变的理念，勇于面对变化带来的困难，才能做到卓越和高效。

在一次培训课上，企业界的精英们正襟危坐，等着听管理教授关于企业运营的讲座。门开了，教授走进来，矮胖的身材、圆圆的脸，左手提着个大提包，右手擎着个圆鼓鼓的气球。精英们很奇怪，但还是有人立即拿出笔和本子，准备记下教授精辟的分析和坦诚的忠告。

"噢，不，不，你们不用记，只要用眼睛看就足够了，我的报告非常简单。"教授说道。

教授从包里拿出一只开口很小的瓶子放在桌子上，然后指着气球对大家说："谁能告诉我怎样把这只气球装到瓶子里去？当然，你不能这样，嘭！"教授滑稽地做了个气球爆炸的姿势。

众人面面相觑，都不知教授葫芦里卖的什么药，终于，一位精明的女士说："我想，也许可以改变它的形状……"

"改变它的形状？嗯，很好，你可以为我们演示一下吗？"

"当然。"女士走到台上，拿起气球小心翼翼地捏弄。她想利用其柔软可塑的特点，把气球一点点塞到瓶子里。但这远远不像她想的那么简单，很快她发现自己的努力是徒劳的，于是她放下手里的气球，说道："很遗憾，我承认我的想法行不通。"

"还有人要试试吗？"

无人响应。

"那么好吧，我来试一下。"教授说道。他拿起气球，三下两下便解开气球嘴上的绳子，"嗞"的一声，气球变成了一个软耷耷的小袋子。

教授把这个小袋子塞到瓶子里，只留下吹气的口儿在外面，然后用嘴巴衔住，用力吹气。很快，气球鼓起来，胀满在瓶子里，教授再用绳子把气球的嘴儿给扎紧。"瞧，我改变了一下方法，问题迎刃而解了。"教授露出了满意的笑容。

教授转过身，拿起笔在写字板上写了个大大的"变"字，说道："当你遇到一个难题，解决它很困难时，那么你可以改变一下你的方法。"他指着自己的脑袋，"思想的改变，现在你们知道它有多么重要了。这就是我今天要说的。"

精英们开始交头接耳，一些人脸上露出顽皮的笑意。教授按下双手示意大家安静，然后说："现在，我们做第二个游戏。"他的目光将众人扫视一遍，指着一个戴眼镜的男子说："这位先生，你愿意配合我完成这个游戏吗？"

"愿意。"戴眼镜的男子走到台上。

教授说："现在请你用这只瓶子做出5个动作，什么动作都可以，但不能重复。好，现在请开始。"

男子拿起瓶子，放下瓶子，扳倒瓶子，竖起瓶子，移动瓶子，5个动作瞬间就完成了。教授点点头，说道："请你再做5个，但不要与刚才做过的重复。"

男子又很轻易地完成了。

"请再做5个。"

等到教授第五次发出同样的指令时，男子已经满头大汗、狼狈不堪。教授第六次说出"请再做5个"时，男子突然大吼一声："不，我宁愿摔了这瓶子也不要再让它折磨我的神经了。"

精英们笑了，教授也笑了，他面向大家，说道："你们看到了，变有多难，连续不断地变几乎使这位亲爱的先生发疯了。可你们比我还清楚商战中变有多么重要。我知道那时你们就是发疯也要选择变，因为不变比发疯还要糟糕，那意味着死亡。"

现在，精英们对这场别开生面的讲座品出点味道来了，他们互相交换着目光。

停了片刻，教授又开口了："现在，还有最后一个问题，这是个简单的问题。"他从包里拿出一只新瓶子放到台上，指着那只装着气球的瓶子说："谁能把它放到这只新瓶子里去？"

精英们看到这只新瓶子并没有原来那个瓶子大，直接装进去是根本不可能的。但这样简单的问题难不住头脑机敏的精英们，一个高个子的中年男人走过去，拿起瓶子用力向地上掷去，瓶子碎了，中年人拾起一块块残片装入新瓶子。

教授点头表示称许，精英们对中年人采取的办法并没有感到意外。

这时教授说："先生们、女士们，这个问题很简单，只要改变瓶子的状态就能完成，我想你们大家都想到了这个答案，但实际上我要告诉你们的是：一项改变最大的极限是什么。瞧！"教授举起手中的瓶子，说："就是这样，最大的极限是完全改变旧有状态，彻底打碎它。"

教授看着他的听众，补充道："彻底的改变需要很大的决心，如果有一点点留恋，就不能够真的打碎。你们知道，打碎了它就是毁了它，再没有什么力量能把它恢复得和从前一模一样。所以当你下决心要打碎某个事物时，你应当再一次问自己：我是不是真的不会后悔？"

讲台下面鸦雀无声，精英们琢磨着教授话中的深意。教授收拾好自己的包，说："感谢在座的诸位，我的讲座结束了。"然后他走出课堂。

有句话这样说："只在河滩上沉思，永远得不到珍珠。"所以，要想得到珍珠一定要运用方法，而方法总是在变化中产生，尽管此种变化也可能蕴藏着一种危机，但没有危机也就没有变化得出的方法。

身处职场，你只有在不断变化中努力寻求解决问题的办法，才能最大限度地引爆自我，做出超人的成绩。

◭ 用吃牛排的方式解决问题

当一个人无法将整块牛排吞下去的时候，该怎么办？会认为我们根本无法吃下那块牛排吗？当然不。我们会用工具，将牛排切成小块，这样我们便能顺利进食，问题也就得以解决了。

中国有句俗语："一口吃不成个胖子。"解决问题也同样如此。我们常常十分急躁地埋头于解决问题的过程中，希望尽快地摆脱困境。这并没有错，但是当你并没有认真了解这个问题，只是一心想着要快速解决问题的时候，这对最终的结果有害而无利。

我们常常被一个问题的复杂和棘手所吓倒，认为解决它几乎是"不可能完成的任务"。但你是否尝试过将这个吓倒了你的大问题分解成一个个小问题来解决呢？

1872 年，"圆舞曲之王"约翰·施特劳斯应美国当地有关团体之邀在波士顿指挥音乐会。但谈演出计划的时候，他被这个规模惊人的音乐会吓了一跳。

　　原来，美国人想创造一个世界之最：由施特劳斯指挥一场有两万人参加演出的音乐会。而一个指挥家一次指挥几百人的乐队就是一件很不容易的事了，何况是两万人？

　　施特劳斯想了想，居然答应了。到了演出那天，音乐厅里坐满了观众。施特劳斯指挥得非常出色，两万件乐器奏起了优美的乐曲，观众听得如痴如醉。

　　原来，施特劳斯担任的是总指挥，下面有 100 名助理指挥。总指挥的指挥棒一挥，助理指挥紧跟着相应指挥起来，两万件乐器齐鸣，合唱队的和声响起。

　　现实中的问题常常是错综复杂的，我们很难将问题一下完美解决。这时，我们就可以尝试将一个大问题分割成不同的小问题，各个击破。这样远比毫无头绪地寻找一个最佳方案要来得实际和有用。1979 年诺贝尔和平奖得主特丽莎修女就是运用了这样的方法。

　　特丽莎本是欧洲人，后来由于想"以爱心治疗贫困"，毅然来到贫穷落后的印度。她救助了 4.2 万多个被人遗弃的人，其中不少是很多人不敢接触的麻风病患者。这个数字，在许多人眼中是一个天文数字。

　　在谈到如何能创造这一奇迹时，特丽莎说：

"我从来不觉得这一大群人是我的负担。我看着某个人，一次只爱一个，因为我一次只能喂饱一个人，只能一个、一个、一个……就这样，我从收留第一个人开始。

"如果我不收留第一个人，就不会收留4.2万个人，这整个工作，只是海洋中的一个小水滴。但是如果我不把这滴水放进大海，大海就会少了一滴水。

"你也是这样，你的家庭也是一样，只要你肯开始……一滴一滴。"

在别人看来是不可能达到的目标，特丽莎却达到了。只因为她学会了将问题和压力分解，"一次只爱一个"地去做！

许多人就是由于恐惧压力，所以向难题投降。战胜难题和压力的重要方法之一，就是善于把大难题化作小难题；将大的压力，分解为小的压力。

分解问题有助于解决问题。当一个原先令你畏惧的问题被分解成一个个小问题放在你面前时，你就能够轻而易举地征服它们。所以，尝试用吃牛排的方式来对待问题，你会发现那要容易得多。

◭ 把问题消灭在萌芽状态

"千里之堤，溃于蚁穴。"在工作中，我们不要忽视任何一个小问题，更不能姑息它们由小到大。解决问题和困难最好的时机，莫过于在它们刚刚萌生之时。如果一个问题在它萌芽之时没有得到及时解决，那它就有可能像雪球一样越滚越大，最终一发不可收拾。

著名的人力资源培训专家吴甘霖先生在他的讲座中经常提到这样一个故事：

日本剑道大师冢原卜传有三个儿子，都向他学习剑道。一天，卜传想测试一下三个儿子对剑道掌握的程度，就在自己房门帘上放置了一个小枕头，只要有人进门时稍微碰动门帘，枕头就会正好落在头上。

他先叫大儿子进来。大儿子走近房门的时候，就已经发现枕头，于是将之取下，进门之后又放回原处。二儿子接着进来，他碰到了门帘，当他看到枕头落下时，便用手抓住，然后又轻轻放回原处。最后，三儿子急匆匆跑进来了。当他发现枕头向他直奔而来时，情急之下，竟然挥剑砍去，在枕头将要落地之时，将其斩为两截。

卜传对大儿子说道："你已经完全掌握了剑道。"并给了他一把剑。然后他对二儿子说道："你还要苦练才行。"最后，他把三儿子狠狠责骂了一通，认为他这样做是他们家族的耻辱。

卜传以什么标准给三个孩子不同的评价呢？其中的一点，就是对问题的觉察能力。大儿子能够以最敏锐的思维觉察到问题，并且将问题消灭在萌芽状态；二儿子发现问题晚，但当问题发生时，能够妥善地处理；三儿子根本没有发现问题，当问题出现时，便采取极端的应急方式进行处理，结果把不应该砍掉的枕头砍掉——不但没有解决问题反而又创造了新的问题。所以，一个优秀的人，总能在第一时间察觉问题，并将其消灭在萌芽状态。

对个人是这样，对公司而言也是如此。如果发现公司有不合理的问题，要立刻解决。对产品同样不要因为是自己做的，有了毛病就讳而不宣，等到让消费者发觉时，很可能连整个公司的名誉、信用都要受到影响。

爱立信在中国"黯然神伤"的案例便是最佳的教材。

有着百年辉煌历史的爱立信与诺基亚、摩托罗拉并世称雄于世界移动通信业。但自1998年开始的3年里，爱立信在中国的市场销售额一日千里地下滑，最终不但退出了销售三甲，而且还排在了新军三星、飞利浦之后。

2001年，在中国手机市场上，大家去买手机时，都在说爱立信如何如何不好。当时，它一款叫作"T28"的手机存在质量问题，这本来就是一种错误，但更大的错误是爱立信漠视这一错误。"我的爱立信手机的送话器坏了，送到爱立信的维修部门，问题很长时间都没有解决。最后，他们告诉我是主板坏了，要花700块钱换主板。而我在个体维修部那里，只花25元就解决了问题。"这位消费者确切地说出了爱立信存在的问题。那时，几乎所有媒体都注意到了"T28"的问题，似乎只有爱立信没有注意到。爱立信一再辩解自己的手机没有问题，而是一些别有用心的人在背后捣鬼。然而，市场不会去探究事情的真相，也不给爱立信以"申冤"的机会，就无情地疏远了它。

其实，信奉"亡羊补牢"观念的消费者已经给了爱立信一次机会，只不过，爱立信没能好好把握那次机会。

对质量和服务中的缺陷没有第一时间解决掉，使爱立信输掉了它从未想放弃的中国市场。

△ 扔掉"可是"这个借口

拒绝"可是"，拒绝借口，你才能找到解决问题的切入点，才能真正认识到自己的能力，而后准确地给自己定位。因为任何"可是"、任何借口，其实都是懒人的托词，它只能慢慢地把你推向失败的漩涡，让你处于一种疲惫且不知前进的状态。而扔掉"可是"这个借口，你才能发掘出自己的潜能，闯出属于自己的一片天地。

"我本来可以，可是……"

"我也不想这样，可是……"

"是我做的，可是这不全是我的错……"

"我本来以为……可是……"

行事不顺时，我们都喜欢以"可是"这个借口来推脱责任，却很少有敢于承担后果的勇气，很少去思考解决问题的方法，就这样不断地求助于"可是"，不断地寻找各种各样的借口，糟糕的事情不断发生，生活也就不断地出现恶性循环。须知，唯有扔掉"可是"这个借口，你才能跨出心灵的囚笼，取得意想不到的辉煌成果。

对于很多善于找借口的人来说，从一件事情上入手来尝试着丢掉借口，抓紧时间，集中精力去做好手边的事，也许结果会大不相同。

一次，美国著名教育家、人际关系专家戴尔·卡耐基先生的夫人桃乐西·卡耐基女士，在她训练学生记人名的一节课后，一位女学生跑来找她，这位女学生说：

"卡耐基太太，我希望你不要指望你能改进我对人名的记忆力，这是绝对办不到的事。"

"为什么办不到？"卡耐基夫人吃惊地问，"我相信你的记忆力会相当棒！"

"可是这是遗传的呀，"女学生回答她，"我们一家人的记忆力全都不好，我爸爸、我妈妈将它遗传给我。因此，你要知道，我这方面不可能有什么更出色的表现。"

卡耐基夫人说："小姐，你的问题不是遗传，是懒惰。你觉得责怪你的家人比用心改进自己的记忆力容易。你不要把这个'可是'当作你的借口，请坐下来，我证明给你看。"

随后的一段时间里，卡耐基夫人专门耐心地训练这位小姐做简单的记忆练习，由于她专心练习，学习的效果很好。卡耐基夫人打破了那位小姐认为自己无法将记忆力训练得优于父母的想法。那位小姐就此学会了从自己本身找缺点，学会了自己改造自己，而不是找借口。

"可是"这个借口是人们回避困难、敷衍塞责的"挡箭牌"，是不肯自我负责的表现，是一种缺乏自尊的生活态度的反映。怎样才能不再找借口，并不是学会说"报告，没有借口"就足够了，而是要按照生活真实的法则去生活，重新寻回你与生俱来但又在成长过程中失去的自尊和责任感。

你改变不了天气，请不要说"可是"，因为你可以调整自己的着装；你改变不了风向，请不要说"可是"，因为你可以调整你的风帆；你改变不了他人，请不要说"可是"，因为你可以改变你自己。所以，面对困难，你可以调整内在的态度和信念，通过积极的行动，消除一切想要寻找借口的想法和心理，成为一个勇于承担责任的人，成为一个不抱怨、不推脱、不"可是"、不为失败找借口的人。

扔掉"可是"这个借口，让你没有退路、没有选择，让你的心灵时刻承载着巨大的压力去拼搏、去奋斗，置之死地而后生。只有这样，你的潜能才会最大限度地发挥出来，成功也会在不远的地方向你招手！

成功的人不会寻找任何借口，他们会坚毅地完成每一项简单或复杂的任务。一个追求成功的人应该确立目标，然后不顾一切地去追求目标，最终达到目标，取得成功。

⚠ 拒绝说"办不到"

冲破人生难关的人一定是一个拒绝说"办不到"的人，在面对别人都不愿正视的问题或者困难时，他们勇于说"行"。他们会竭尽全力、想尽一切方法将问题解决，等待他们的也将是艰辛后的成果、付出后的收获。

实际生活中，许多人的困境都是自己造成的。如果你勤奋、肯干、刻苦，就能像蜜蜂一样，采的花越多，酿的蜜也越多，你享受到的甜美也越多。如果你以"办不到"来搪塞，不知进取，不肯付出半点辛劳，遇点困难就退缩，那么你就永远也品尝不到成功的喜悦。

失败者的借口通常是"我能力有限，我办不到"。他们将失败的理由归结为不被人垂青，好职位总是让他人捷足先登。那些意志坚强的人则绝不会找这样的借口，他们不等待机会，也不向亲友们哀求，而是靠自己的勤奋努力去创造机会。他们深知唯有自己才能拯救自己，他们拒绝说"办不到"。文杰就是这样一个人。

文杰在一家大型建筑公司任设计师，常常要跑工地、看现场，还要为不同的客户修改工程细节，异常辛苦，但她仍主动地做，毫无怨言。

虽然她是设计部唯一的女性，但她从不因此逃避强体力的工作。该爬楼梯就爬楼梯，该到野外就勇往直前，该去地下车库也是二话不说。她从不感到委屈，反而挺自豪，她经常说："我的字典里没有'办不到'这三个字。"

有一次，老板安排她为一名客户做一个可行性的设计方案，时间只有3天，这是一件很难做好的事情。接到任务后，文杰看完现场，就开始工作了。3天时间里，她都在一种异常兴奋的状态下度过。她食不知味，寝不安枕，满脑子都想着如何把这个方案做好。她到处查资料，虚心向别人请教。

3天后，她虽然眼睛布满了血丝，但还是准时把设计方案交给了老板，得到了老板的肯定。

后来，老板告诉她："我知道给你的时间很紧，但我们必须尽快把设计方案做出来。如果当初你不主动去完成这个工作，我可能会把你辞掉。你表现得非常出色，我最欣赏你这种工作认真、积极的人。"

因做事积极主动、工作认真，现在文杰已经成为公司的红人。老板不但提升了她，还将她的薪水翻了3倍。把"办不到"这三个字常常挂在嘴边，其实是在处处为自己寻找借口。事实上，世上之事，不怕办不到，只怕拿借口来取代方法。

这个故事告诉我们，自己的命运掌握在自己手中。只要你勤奋、肯干，积极寻找问题的答案，而非一味地给自己找借口、推脱责任，你就会品尝到成果所带来的喜悦感。

很多人遇到困难不知道去努力解决，而只是想到找借口推卸责任，这样的人很难成为优秀的人。许多成功者，他们都有一个共同的特点——勤奋。在这个世界上，勤奋的人面对问题善于主动找方法，勤奋的人拒绝借口说"办不到"，勤奋的人最易走向成功。

横跨曼哈顿和布鲁克林之间河流的布鲁克林大桥是个地地道道的机械工程奇迹。1883年，富有创造精神的工程师约翰·罗布林雄心勃勃地意欲着手这座雄伟大桥的设计，然而桥梁专家们却劝他趁早放弃这个"天方夜谭"般的计划。罗布林的儿子，华盛顿·罗布林，一个很有前途的工程师，确信大桥可以建成。父子俩构思着建桥的方案，琢磨着如何克服种种困难和障碍。他们设法说服银行家投资该项目，之后，他们怀着不可遏止的激情和无比旺盛的精力组织工程队，开始建造他们梦想中的大桥。然而，在大桥开工仅几个月后，施工现场就发生了灾难性的事故。约翰·罗布林在事故中不幸身亡，华盛顿·罗布林的大脑严重受伤，无法讲话，也不能走路了。谁都以为这项工程会因此而泡汤，因为只有罗布林父子才知道如何把这座大桥建成。然而，尽管华盛顿·罗布林丧失了活动和说话的能力，但他的思维还同以往一样敏捷。一天，他躺在病床上，忽然想出一种和别人进行交流的方式。他唯一能动的是一根手指，于是他就用那根手指敲击他妻子的手臂，通过这种密码方式由妻子把他的设计和意图转达给仍在建桥的工程师们。整整13年，华盛顿就这样用一根手指发号施令，直到雄伟壮观的布鲁克林大桥最终建成。

"办不到"是许多人最容易寻找的借口，它体现出了一个人所具有的自卑感和怯懦性，这种缺乏自信的人能否做出出色的事情呢？答案恐怕只有一个："只要有这个借口存在，他永远不可能出色。"只要一个人拒绝说"办不到"，他就会显出与别人不同的工作精神和态度，从而成就出色的事业。

◬ "此路不通"就换方法

是的，世上没有打不开的门，也没有走不通的路。只不过有时候开门的钥匙不是原来那一把，里面另有机关；走路的方式也不能按原先那一种，在陆地上不能行舟。总之，按老方法找不到出路时，就要另寻新路。

当你驾车驶在路上，眼看就要到达目的地了，这时车前突然出现一块警示牌，上书4个大字："此路不通！"这时你会怎么办？

有人选择仍走这条路过去，大有不撞南墙不回头之势，结果可想而知。已言明"此路不通"，那个人只能在碰了钉子后灰溜溜地调转车头返回。这种人在工作中常常因"一根筋"思想而多次碰壁，空耗了时间和精力，却无法将工作效率提高一丁点，结果做了许多无用功。

有人选择停车观望，不再向前走，因为"此路不通"，却也不调头，或者是认为自己已经走了这么远，再回头心有不甘且尚存侥幸心理，若我掉头走了此路又通了岂不亏了；或者是想如果回头了其他的路也不通怎么办？结果停车良久也未能前进一步。这种人在工作中常常会因懦弱和优柔寡断而丧失机会，业绩没有进展不说，还会留下无尽的遗憾。

还有另一类人，他们会毫不犹豫地调转车头，去寻找另外一条路。也许会再次碰壁，但他们仍会不断地进行尝试，直到找到那条可以到达目的地的路。这种人是工作中真正的勇者与智者，他们懂得变通，直到寻找到解决问题的办法，并且往往能够取得不错的业绩。

"此路不通"就换条路，"此法不行"就换方法，应该成为每一个人的生活理念。

A地由于一些工厂排放污水，使很多河流污染严重，以致下游居民的正常生活受到了威胁，环保部门每天都要接待数十位满腹牢骚的居民，于是联合有关当局决定寻找解决问题的办法。

他们考虑对排污工厂进行罚款，但罚款之后污水仍会排到河流中，不能从根本上解决问题。这条路，行不通。

有人建议立法强令排污工厂在厂内设置污水处理设备。本以为问题可以得到彻底解决，但在法令颁布之后发现污水仍不断地排到河流中。而且，有些工厂为了掩人耳目，对排污管道乔装打扮，从外面不能看到破绽，可污水却一刻不停地在流。这条路，仍行不通。

之后，当地有关部门立刻转变方法，采用著名思维学家德·波诺提出的设想：立一项法律——工厂的水源输入口，必须建立在它自身污水输出口的下游。

看起来是个匪夷所思的想法，经事实证明却是个好方法。它能够有效地促使工厂进行自律：假如自己排出的是污水，输入的也将是污水，这样一来，能不采取措施净化输出的污水吗？

"此路不通"就换方法，正是遵循了这个信条，才最终找到了解决问题的办法。

一个真正卓越的人，必是一个注重寻找方法的人。当他发现一条路不通或太挤时，就能够及时转换思路，改变方法，寻找一条更为通畅的路。

◭ 遇事别钻"牛角尖"

一旦被现成的所谓经验或权威所左右，你可能就会使自己的逻辑推理进入一个可笑的误区，并陷入其中无法自拔。由此，在你的头脑中，自然就不会有新的思路、新的观点出现，甚至可笑到不允许有新的思维方式出现。

生活中，常有一些人顽固不化，不知权变，做事"一根筋"，容易钻"牛角尖"，不会转变。许多本来可以解决的问题，也会被他看成是无法做到、难以解决的问题。

高效能的成功者从不迷信以往的经验、传统和权威，也从不迷信自己。他们只会用开放的胸怀接纳事物，用多变的思维解决问题！

A 鞋厂的老板派两名销售员到非洲考察新鞋销售的市场潜力，两人回国后先后向老板报告。销售员甲兴味索然地说："非洲人不穿鞋子，因此市场没有开发的价值，我们不必去了。"

销售员乙则兴致勃勃地指出："非洲大多数的人都还没有鞋子，因此这个市场潜力无穷，应赶快进行开发，先抢得商机。"结果销售员乙受到重用，销售员甲不久后被辞退。

为了职业发展与促进生活品质，人人都应充实自己、扩大视野，于日常生活中培养健康、合理的思考模式，作为行动的指导原则。

换一种思维方式，把问题倒过来思考，不但能使你在做事情时找到峰回路转的契机，也能使你找到生活中的快乐。

有一位老妇人，她有两个女儿。大女儿嫁给一个浆布的人为妻，小女儿嫁给一个修伞的人，两家过得都不错。看着两个女儿丰衣足食的生活，老妇人原本应该高兴才对，可是她却每日都很痛苦，因为每当天气晴朗的时候，老妇人就为小女儿家的生意担忧：晴天有谁会去她那里修理雨伞呢？而到了阴天的时候，她又开始为大女儿家担心了，天气阴湿或者下雨，就不会有人去她那里浆布啊。就这样，无论是刮风下雨天，还是晴朗的天气，她都在发愁，老妇人眼见着瘦了下去。

一天，村里来了个智者，当他听老妇人讲完自己的想法时，微笑着对老妇人说："你为什么不倒过来看？晴天时，你的大女儿家浆布生意一定好；而下雨的时候，小女儿家修伞的生意就会好。这样，无论是什么样的天气，你都有一个女儿在赚钱啊！"老妇人听完之后，心情顿时豁然开朗起来。

　　要想成为一名杰出的成功人士，你就不能总是"一根筋"，死钻"牛角尖"，而是要勇敢地展开你思想的双翼，向左、向右、向上、向下，不断地飞翔，总有一个绝佳的方法在某个角落等待你去发现。只要你善于思考，懂得创新，敢于打破规则，就一定能突破一切瓶颈，从而走向成功。

第六章

时间微习惯：

高效利用每一点脑力的时间整理术

◬ 守时

"守时"是纪律中最原始的一种，无论上班、下班、约会都要守时。守时即是信用的礼节、公共关系的首环，也是优秀员工必备的良好习惯。如果你想结交朋友和有影响力的人，就要守时。

一位朋友向周总推荐一位印刷公司老板。这位老板知道周总的公司在印刷方面投资很大，想争取周总的生意。他带来了精美的样本、仔细考虑的价钱建议和热情的许诺。周总有礼貌地坐着，尽管他未到会前就决定不把生意交给他，因为他迟到了 20 分钟。"准时"对于取得周总公司的印刷业务是十分关键的。周总公司产品的印刷部件星期三送到，星期四装订，星期五发到周总下星期出席的座谈会地点，迟一天就跟迟一年那么糟糕。周总的公司要求 10 多位工人在既定的一天将销售信、小册子订货单叠好塞进信封，如果印刷品没运到，什么事都干不成。所以，那位印刷公司老板第一次会议就不能准时出席，周总就推断出不能指望这个印刷公司老板能把这工作干好。

能否守时，是一个人素质的体现，任何一个明智的老板都会像周总一样，从守时的细节中判断一个人能否担当重任。优秀的你，不要让区区 20 分钟毁掉你的前程。

现代生活节奏的加快，呼唤着人们的时间意识。守时，已成为现代人所必备的素质之一。但是，不守时的情况经常在我们的身边发生。通知了几点开会，却总有那么几个人迟到；约会时间已到，有人就不见踪影；要求什么时间要办完哪件事，到时也总有人不能按时完成……诸如此类事情，屡见不鲜，让人心烦。

如果只是偶尔一次，似乎也情有可原，然而你仔细观察一下，就会发现，在某些人身上不守时的事经常发生。信息经济时代，时间的价值已远非自然经济和工业经济时代可比。不守时，既浪费了自己的时间，也浪费了别人的时间。

守时就是遵守承诺，按时到达要去的地方，没有例外，没有借口，任何时候都得做到。即便你因为特殊原因不得不失约，应该提前打电话通知对方，向对方表示你的歉意。这不是一件小事，它代表了你的素质和做人的态度。这里不是要告诉你守时这条原则的重要程度，是要告诉你一些它如此重要的原因。如果你对别人不表示尊重，你也不能期望别人会尊重你。一旦你不守时，你就会失去影响力或者道德的力量。但守时的人会赢得职员、助手、供货商、顾客……每一个人的好感。

很多人没有时间观念，上班迟到、无法如期交件等，这些都是没有时间观念导致的后果。时间就是成本，养成"时间成本"的观念，将会有助于你日后的晋升和工作效率的提高。若是想要在企业中生存下去的话，首先必须守时，做一名好员工，就要时刻记得遵守时间，不要迟到。

准时上班很重要，迟到是不能得到谅解的行为，因为这表示你对工作不够重视。一些年轻人刚到公司的时候，对公司的规章制度看得较轻，工作上虽十分卖力，但经常迟到、早退，这往往是纪律严明的公司所不能容忍的，因为守时是最基本也是最重要的品质。假如和人约好了时间却未准时到达，那老板对你的印象不只是大打折扣，而是立刻一落千丈。常常迟到、早退，或是事先毫无告知便突然请假，既会让事情变得杂乱无章，又会妨碍工作进度。这样的人无法为他人所信赖，更无法得到老板的信任。每个人都希望别人讲信用、守时间，那我们自己又该如何做呢？如何在自己的身边营造出一个守时重信的氛围呢？

⚠ 做个零碎时间的"焊接工"

争取时间的唯一方法是善用时间。

把零碎时间用来从事零碎的工作，从而最大限度地提高工作效率。比如在乘车、在等待时，可用于学习，用于思考，用于简短地计划下一个行动，等等。充分利用零碎时间，短期内也许没有什么明显的感觉，但经年累月，将会有惊人的功效。

"世界上真不知有多少可以建功立业的人，只因为把难得的时间轻轻放过而默默无闻。"

任何事物都有它的独特之处，时间也不例外，如果你抓住了它的特点，并善于利用它，那你就把握了运用时间的要领。青年人不但要养成惜时的习惯，同时也要抓住时间的特点，为自己赢得更多的时间和更多的机会。

生活中也有很多这样的例子。例如著名电影艺术家夏衍在看一部片子之前，先把影片说明书拿来，了解一下故事情节；然后自己设想，假使这个本子叫我来编，我该怎样介绍人物，怎样介绍时代背景，怎样展开情节，怎样表现人物性格，心里打下了一个腹稿；而在电影开映之后，一边进行艺术欣赏，一边进行学习。青年编辑王同忆，利用点滴时间勤奋学习多门外语，甚至碰到说话的人就在心里思考着如何将此人的话译成外语，辛勤耕耘自有收获，最终他熟练地掌握了 10 多门外语。时间的独特之处在于它"有时过得慢一些，有时过得快一些，有时它停了下来，呆住不动了。有的时候，特别敏锐地感到时间的步伐，这时，时间飞驰而去，快得只来得及让人惊呼一声，连回顾一下都来不及。而有时，时间却踯躅不前，慢得像粘住了一样，简直叫人难受。它突然拉长了，几分钟的时间拉成一条望不到头的线"。古今中外的成功者，正是利用时间的这种特性，不断充实时间的容量，从而充实自己生命的容量的。

阿杰在一家超市做员工，每天从早晨 8 点一直到下午 5 点，经常下班的时候，已经累得精疲力尽了，他自己对这份工作也不是很满意，为了有更好的工作，他想去考注册会计师的资格。他以前从未接触过会计学的知识，所以难度很大。

起初，阿杰对于时间的管理也毫无头绪，不知道该怎么办。但他很快就发现：有大量的时间无意识间就从自己身边溜走了！

比如：他早晨 6 点起床，在他做早餐、等水开的这段空闲时间，他就经常是站在厨房等待，有时候是在屋子里来回转悠。后来，他利用这段时间复习一下昨天学过的知识，效果相当好。

他原来从住处到公司需要 1 小时，为了节省时间，他搬到距离公司较近的地方，这样只需要 20 分钟就可以到了，于是他省下了 40 分钟。

原先他上班在车上就是等待到达，现在他把这段时间也充分地利用了起来。这段时间他可以看 10 页左右的书呢！

中午有 90 分钟的吃饭时间，阿杰只要花 15 分钟就可以吃完了，于是他把这段时间也利用起来了！

原来下班后一回到家，阿杰就强打精神坐在桌子前面看书。现在，阿杰的做法是：先躺在床上听 15 分钟的音乐，然后再开始学习，待学习累了，就去做晚饭，这样一边做饭一边休息。吃完饭，他又接着学习。

几个月后，阿杰已经取得了注册会计师资格，现在马上就要去一家会计师事务所上班了，工资也涨了好几倍。

美国近代诗人、小说家和出色的钢琴家爱尔斯金曾讲过钢琴教师卡尔·华尔德对她的启示：

"一天，卡尔·华尔德给我授课的时候，忽然问我每天要练习多少时间的钢琴，我说每天大约三四个小时。

"'不，不要这样！'他说，'你长大以后，每天不会有长时间的空闲的。你可以养成习惯，一有空闲就抽时间练习。比如在你上学以前，或在午饭以后，或在工作的休息时间，十多分钟、十多分钟地去练习。把小的练习时间分散在一天里面，如此弹钢琴就成了你日常生活中的一部分了。'

"当我在哥伦比亚大学教书的时候，我想从事兼职创作。可是上课、看卷子、开会等事情把我白天晚上的时间都占满了。差不多有两个年头我一直不曾动笔，因为我总是找不到时间。后来才想起了卡尔·华尔德先生告诉我的话。

"到了下一个星期，我就按他的话去实践。只要有十分钟左右的空闲时间，我就坐下来写一百字或短短的几行。出人意料的是，在那个周末，我竟积累了许多的稿子准备修改。

"后来我用同样积少成多的方法，创作长篇小说。我同时练习钢琴，发现每天小小的间歇时间，足够我从事创作与弹琴两项工作。我的教授工作虽日益繁重，但是每天仍有许多可以利用的时间。

"利用短时间，其中有一个诀窍：就是要把工作进行得迅速，如果只有 5 分钟的时间供你写作，你切不可把 4 分钟消磨在咬你的铅笔上面。只要精神上有所准备，到工作时间来临的时候，就能立刻把心神集中在工作上。卡尔·华尔德对于我的一生有极大的影响。由于他，我发现了极短的时间，如果能毫不拖延地充分加以利用，就能积少成多地供给你所需要的长时间。迅速地集中脑力，并不像一般人所想象的那样困难。"

⚠ 挤出时间的"油水"

鲁迅先生曾说过，时间就像海绵里的水一样，是靠挤出来的。时间的弹性很大，会挤的人，就比别人得到更多的时间。

例如在候车、等人、开会的间隙，当别人无所事事时，你能挤一挤"时间海绵"里的水，利用它读书看报、与人交谈、访问调查，你就比那些不会挤时间的人多有收获。居里夫人是个挤"时间海绵"之水的高手。她在生了女儿之后，做母亲的责任占去了她许多的科研时间，为此她有时急得流泪。在家庭生活和科学事业之间，她不想丢弃任何一方。她每天洗衣、做饭、照料孩子、教育孩子，同时还要在实验室里进行着近代科学史上一项最重要的研究。每天她都千方百计挤时间，既将家务劳动安排得井井有条，也挤出了搞科研的时间。她将大女儿培养成科学家并获得诺贝尔奖。自己以"镭的母亲"摘取了诺贝尔化学奖的桂冠，成了一位有双重意义的母亲。科研劳动是连续性极强的艰辛创造，它需要满负荷运转，因而"挤"一些休息时间，也就不足为怪了。

凡是在工作中表现出色、得到老板赏识的人，都有一个促使他们成功的好习惯：变"闲暇"为"不闲"，也就是抓住时间的分分秒秒，不图清闲，不贪暂时的安逸。

苏姗受聘于一家顾问公司，她每年平均处理130宗案件，而且她的大部分时间都是在飞机上度过的。苏姗认为和客户保持良好的关系非常重要，所以，她常在飞机上给客户写邮件。她说："我已经习惯这样了，这有什么坏处呢？"一位等候提行李的旅客对她说："在近3个小时的时间里，我注意到你一直在写邮件，你一定会得到老板重用的。"苏姗笑着说："我早已是公司的副总了。"

要想成为优秀员工，就必须学会挤时间。正如苏姗所说的："用等人、等车以及旅行的时间来看书、听广播，酝酿计划；不要浪费看电视的时间，可以一边看一边擦鞋、健身。若有重要工作急需完成，便应远离他人，独自在一角静静地工作。这样坚持下去，你会慢慢发现，这种做法可以使你做事更从容。"

⚠ 找到躲在角落里的时间

1. 我们每天都有许多时间在等待中度过

等车、等人、排队缴费等，认真算起来，你会发现平均每天光是用在等待上的时间，就不下 30 分钟。而一般人以为那只是短暂的片段，于是每天把不少的片段时间白白地浪费了。

2. 节省途中时间

这么多时间耗费在毫无意义的往返路途上，不如想想其他的方法。如果你有能力出得起钱的话，为什么不把家搬到一个离公司较近的地方呢？或者你也可以在离家不远的地方找一份工作。

3. 充分利用睡前时间

如果你觉得自己缺乏思考问题的空闲时间，不妨试着坚持每天睡前挤出十几分钟的时间，一旦形成了习惯，就很容易长期坚持。

4. 利用零碎的时间

不要认为零碎时间只能用来办些不大重要的杂务。最优先的工作也可以在这少许的时间里去完成。如果你按照"分阶段法"去做，把主要工作分为许多小的"立即可做的工作"，你随时可以做些费时不多却很重要的工作。这给你带来的好处是不言而喻的。

5. 买下任何可以提高效率的工具

别心疼所花的一点小钱。如果每天省下一两分钟，每年就可节省好几个小时。

6. 从你的办公桌上找出隐藏的时间

你可以在许多不同的地方进行重要的思考、企划、组织以及时间安排等工作，可是，你一天中的例行工作，很可能是必须集中在办公室的一张办公桌，或工作场所的某个地点完成的。如果能把办公桌布置成一个具有相当效率的"个人工作站"，并使它高度配合你的需要，那么，你的时间可能就会因此节省很多。

7. 不要允许别人来打扰

如果有某个人走进了你的办公室，并不在日程安排之内，他想和你谈谈与他自己有关的一些事，那么你就毫不客气地立刻拒绝。

◬ 抓住闲暇时光

人生苦短，我们需要珍惜、把握的宝贵时间中也有重点所在。

不过，如果人们真想节约时间的话，仅仅靠那一点点挤出来的上下班时间是远远不够的。我们应该要把每一周的时间统一规划，从整体方面进行考虑。我们更应该学会利用周末及节假日的时间，和平常的工作日相比，在这些时间里我们能用较少的劳动取得较多的成果。

有人曾做过一个调查，总结出了百年来活跃于世界实业界人士成功的关键，那就是他们几乎都善于利用闲暇时间去不断地学习。

通常来说，所谓闲暇时间就是可以供我们自由支配的时间，也就是人们常说的业余时间。从严格意义上说，真正的闲暇时间应该是排除了用于工作、家务、饮食等事务性的时间，也就算完全由个人支配的时间。

在可以自由支配的闲暇时间中，人们为了满足自己的需要，可以去选择大量从事自己喜欢的有价值、有意义的活动。

要善于利用闲暇时间，首先要确立闲暇时间就是一笔宝贵财富的观念。法国著名的未来学家贝尔特朗·德·古维涅里曾经提出这样的观点：在未来社会中，人们感到最重要的不是能够买到一切的金钱，也不是层出不穷的商品，而是业余时间——正是业余时间给了人们继续学习文化知识的机会。

我们可以这样算一下，对于正在工作和学习的人来说，在一天里，闲暇时间几乎等同于工作时间。但是从一生来看，闲暇时间几乎四倍于工作时间。因此，闲暇时间是有志向者实现志向的大好时光，是创业者艰苦创业的"黄金时段"。

闲暇时间是宝贵而惊人的，据一所商业调查中心的调查报告指出：一个70岁的西方人，一生用来工作的时间是16年，用来睡眠的时间是19年，剩下的时间就是闲暇时间，足足有35年，相当于生命的一半！

优秀的员工，一定是个会利用闲暇时光、善于利用一切零碎但有用的时间的员工。只有学会利用零碎时间，才会抓住一切可能成功的机会。

⚠ 去行动吧！不要再拖延了

在这个世界上，没有一件事情是完美的。如果你想等到自己所要求的全部条件都具备后再行动。那么，你只能永远地拖延下去。

因此，在日常的工作和生活中，我们要努力要求自己做到以下几点：

1. 在工作中态度要积极主动

一个人只有以积极主动的态度去面对自己的工作，才会产生自信的心理。这样，在处理事务时，头脑才会保持清醒，内心的恐惧和犹豫也便会烟消云散。只有如此，才能够有效地找到处理这些事务的最佳方法。

2. 要学会立刻着手工作

假如在工作中接到新任务，要学会立刻着手工作。这样，才会在工作中不断摸索、创新，一步步排除困难。如果一味地拖延、思考，只会在无形中为自己增加更多的问题，这将不利于自己在工作中做出新成绩。

3. 要善始善终，而不要半途而废

做事善始善终才会有结果，如果朝三暮四，不能盯准一个目标，每一次都半途而废，是没有任何成绩的。在工作过程中，即使很普通的计划，如果有效执行，并且继续深入发展，都比半途而废的"完美"计划要好得多，因为前者会有所收获，后者只能前功尽弃。

4. 永远不要为自己制造拖延的借口

"明天""后天""将来"之类的句子跟"永远不可能做到"的意义相同。所以，我们要时刻注意清理自己的思想，不要让消极拖延的情绪影响了我们行动的路线。

5. 要把创意和行动结合起来

创意本身不带来成功，但是，它一旦和行动结合起来，将会使我们的工作显得卓有成效。在工作过程中，我们要把创意和实践结合起来，付诸自己的行动之中，这样，才会为我们的人生和事业打开新的局面。

6. 永远不要等到万事俱备的时候才去做

永远都没有万事俱备的时候，这种完美的想法只是一个幻想。

7. 切忌鲁莽行事

积极行动并不等同于鲁莽行事，所以，在做什么事之前，我们还是要认真考虑一番，这样，才会把问题处理得更妥当。如果仓促上阵，鲁莽行事，就会把事情搞砸。

忙碌的人不肯拖延，他们觉得生活正如莱特所形容的那样："骑着一辆脚踏车，不是保持平衡向前进，就是翻覆在地。"效率高的人往往有限时完成工作的观念，他们确定做每件事所需的时间，并且强迫自己在预期内完成。即使你的工作并没有严格的时间限制，也应该经常训练自己。当你发现自己能在短时间内做更多的事时，一定会惊讶不已的！

拖延的习惯最能损害及减低人们做事的努力。因此，你应该今日事今日毕，否则可能无法做大事，也不太可能成功。所以，应该经常抱着"必须把握今日去做完它，一点也不可懒惰"的想法去努力才行。

歌德说："把握住现在的瞬间，把你想要完成的事物或理想，从现在开始做起。"只有勇敢的人身上才会赋有天才、能力和魅力。因此，只要做下去就好，那么，不久之后你的工作就可以顺利完成了。

有些人在要开始工作时会产生畏难的情绪，如果能把畏难的心情压抑下来，心态就会愈来愈成熟。而当心态好转时，就会认真地去做，这时候已经没有什么好怕的了，而完成工作的期限也就会愈来愈近。总之一句话，必须现在就马上开始去工作，这才是最好的方法。

虽然只是一天的时光，也不可白白浪费。曾有一位打工者在年尾受到老板忠告说："希望明年开始，你能好好认真地做下去。"可是那位打工仔却回答说："不！我要从今天开始就好好地认真工作。"虽然告诉你明年，其实就是要你现在开始的意思。不从今天而从明天才开始，好像也不错，然而还是要有"就从今天开始"的精神才是最重要的。

作为公司的一员，任何时候，都不要自作聪明地设计工作期限，希望工作的完成期限会按照自己的计划而后延。优秀的员工都会牢记工作期限，并清晰地明白，最理想的任务完成日期是：昨天。这一看似荒谬的要求，是保持改正恒久竞争力不可缺少的因素，也是唯一不会过时的东西。在人才竞争激烈的单位，要想立于不败之地，员工都必须奉行"把工作完成在昨天"的工作理念。一个总能在"昨天"完成工作的员工，永远是成功的。其所具有的不可估量的价值，将会征服所有的老板。

老板是世上最"心急"的人，为了生存，他们恨不能把每一分钟掰成八瓣。按他们的速率预算，罗马一日建成也算慢。自然，他也要求自己的员工快速行动。如果要让老板白花时间等你的工作结果，比浪费金钱更让他心痛，因为在失去的那一分钟内能想到的业务计划，可能会价值连城。没有哪个老板，能长期容忍拖延工作的员工。

千万不要把昨天能完成的工作拖延到明天，不要愚蠢地等到老板开口，说那句"你什么时候做完那件事？"时，才开始四处寻找借口，并匆忙上阵，仓促处理未完的工作。

⚠ 一次做好一件事

古往今来，凡是卓有成就的人，他们都有一个共同点，那就是很注意把精力用在做一件事情上，专心致志，集中突破，这是他们做事卓有成效的主要原因。

著名的效率提升大师博恩·崔西有一个著名的论断："一次

做好一件事的人比同时涉猎多个领域的人要好得多。"富兰克林将自己一生的成就归功于对"在一定时期内不遗余力地做一件事"这一信条的实践。

爱迪生认为，高效工作的第一要素就是专注。他说："能够将你的身体和心智的能量，锲而不舍地运用在同一个问题上而不感到厌倦的能力就是专注。对于大多数人来说，每天都要做许多事，而我只做一件事。如果一个人将他的时间和精力都用在一个方向、一个目标上，他就会成功。"

专注，要求我们在做一件事时就要做好这一件事，下面这段摘自名叫《觉者的生涯》中的对话，或许能更好地解释这种状态。

释迦牟尼说道："我一时专注于一件事。当我用斋时，我用斋。当我睡觉时，我睡觉。当我谈话时，我谈话。当我坐禅时，我入定。这就是我的实践。"

能够在每一件事上做到专注，大概只有释迦牟尼才能做到，但是，在工作的时候做到专注，你也可以做到。

一次做好一件事，是一个高效能人士获取成功不可或缺的一项习惯。只有当你一心一意去做每一件事情时，你才能把它做好。

李果是一家广告公司的创意文案。一次，一个著名的洗衣粉制造商委托李果所在的公司做广告宣传，负责这个广告创意的好几位文案创意人员拿出的东西都不能令制造商满意。没办法，经理让李果把手中的事务先搁置几天，专心把这个创意文案完成。

连着几天，李果在办公室里抚弄着一整袋洗衣粉在想："这个产品在市场上已经非常畅销了，人家以前的许多广告词也非常富有创意。那么，我该怎么下手才能重新找到一个点，做出一个与众不同、又令人满意的广告创意呢？"

有一天，她在苦思之余，把手中的洗衣粉袋放在办公桌上，又翻来覆去地看了几遍，突然间灵光闪现，想把这袋洗衣粉打开看一看。于是找了一张报纸铺在桌面上，然后，撕开洗衣粉袋，倒出了一些洗衣粉，一边用手揉搓着这些粉末，一边轻轻嗅着它的味道，寻找感觉。

突然，在射进办公室的阳光照耀下，她发现了洗衣粉的粉末间遍布着一些特别微小的蓝色晶体。审视了一番后，证实的确不是自己的眼睛看花了。她便立刻起身，亲自跑到制造商那儿问这到底是什么东西。得知这些蓝色水晶体是一些"活力去污因子"。因为有了它们，这一次新推出的洗衣粉才具有超强洁白的效果。

明白了这些情况后，李果回去便从这一点下手，绞尽脑汁，寻找最好的文字创意，因此推出了非常成功的广告方案。广告播出后，这款产品的销量急速攀升。

相反，一个人从事某项工作，如果不能全神贯注，不能集中精力，就很容易出差错。

在亚特兰大举行的桃树 10 公里公路长跑比赛，其赞助者是健怡可口可乐公司。为了促销产品，健怡可口可乐的商标显著地展示在比赛申请表格、媒体、T 恤衫比赛号码上。

比赛当天早上，大会的荣誉总裁比利格站在台上说："我们很高兴有这么多的参赛者，同时特别感谢我们的赞助商健怡百事可乐。"站在比利格背后的可口可乐公司代表极为愤怒："是健怡可口可乐，白痴！"超过 1000 位的参赛者一片哗然……

当时比利格感到万分的羞辱和懊悔。他事后说："我知道是可口可乐，但是我当时分心走神了，结果洋相百出，给人留下笑柄，可口可乐公司也对我不满。就是在那要命的一天，我知道了专注的重要性。"

比利格的教训告诉我们，一个人如果不集中注意力做一件事，那么不管他的工作条件有多好，他也无法做好自己的工作。

⚠ 运用 20/80 法则

1897 年，意大利经济学家帕累托 (1848—1923 年) 偶然注意到英国人的财富和收益模式，于是潜心研究这一模式，并于后来提出了著名的 20/80 法则，即二八法则。

帕累托研究发现，社会上的大部分财富被少数人占有了，而且这一部分人口占总人口的比例与这些人所拥有的财富数量，具有极不平衡的关系。帕累托还发现，这种不平衡的模式会重复出现，而且也是可以提前预测的。

于是，帕累托从大量具体的事实中归纳出一个简单而让人不可思议的结论：

如果社会上 20% 的人占有社会 80% 的财富，那么可以推测，10% 的人占有了 65% 的财富，而 5% 的人则占有了社会50% 的财富。

这样，我们可以得到一个让很多人不愿意看到的结论：一般情况下，我们付出的 80% 的努力，也就是绝大部分的努力，都没有创造收益和效果，或者是没有直接创造收益和效果。而我们 80% 的收获却仅仅来源于 20% 的努力，其他 80% 的付出只带来 20% 的成果。

很明显，二八法则向人们揭示了这样一个真理，即投入与产出、努力与收获、原因与结果之间，普遍存在着不平衡关系。小部分的努力，可以获得大的收获；起关键作用的小部分，通常就能主宰整个组织的产出、盈亏和成败。

现实世界中，只要你用心去体会，你就会发现存在许多20 / 80 定律的情况：

20% 的罪犯所犯的案占所有犯罪案的 80%；20% 的粗心大意的司机，引起 80% 的交通事故；20% 的产品，或 20% 的客户，涵盖了公司约 80% 的营业额；20% 的产品，或 20% 的客户，通常占该公司的 80% 的赢利；占公司人数 20% 的业务员，其营业额占公司总营业额的 80%；占出席会议人数 20% 的与会者，发言率占所有发言的 80%；20% 的地毯面积可能集中了整个地毯 80% 的磨损；80% 的时间里，你只穿你衣服的 20%。

也就是说，重要的东西只占了很小的部分，它的比例是 20%。因此，你只要集中精力处理工作中比较重要的 20% 的那部分，就可以解决全部工作的 80%。

研究二八法则的专家理查德·科克认为：凡是洞悉了二八法则的人，都会从中受益匪浅，有的甚至会因此改变命运。

理查德·科克在牛津大学读书时，学长告诉他千万不要上课，"要尽可能做得快，没有必要把一本书从头到尾全部读完，除非你是为了享受读书本身的乐趣。在你读书时，应该领悟这本书的精髓，这比读完整本书有价值得多。"这位学长想表达的意思实际上是：一本书 80% 的价值，已经在 20% 的页数中就已经阐明了，所以只要看完整部书的 20% 就可以了。

理查德·科克很喜欢这种学习方法，而且以后一直沿用它。牛津并没有一个连续的评分系统，课程结束时的期末考试就足以裁定一个学生在学校的成绩。他发现，如果分析了过去的考试试题，把所学到知识的 20%，甚至更少的与课程有关的知识准备充分，就有把握回答好试卷中 80% 的题目。这就是为什么专精于一小部分内容的学生，可以给主考官留下深刻的印象，而那些什么都知道一点但没有一门精通的学生却不尽考官之意。这项心得让他并没有披星戴月终日辛苦地学习，但依然取得了很好的成绩。

理查德·科克到壳牌石油公司工作后，在可怕的炼油厂内服务。他很快就意识到，像他这种既年轻又没有什么经验的人，最好的工作也许是咨询业。所以，他去了费城，并且比较轻松地获取了Wharton工商管理的硕士学位，随后加盟一家顶尖的美国咨询公司。上班的第一天，他领到的薪水是在壳牌石油公司的4倍。

就在这里，理查德·科克发现了许多二八法则的实例。咨询行业几乎80%的成长，来自专业人员不到20%的公司。而80%的快速升职也只有在小公司里才有——有没有才能根本不是主要的问题。

当他离开第一家咨询公司，跳槽到第二家的时候，他惊奇地发现，新同事比以前公司的同事更有效率。

怎么会出现这样的现象呢？新同事并没有更卖力地工作，但他们在两个主要方面充分利用了二八法则。首先，他们明白，80%的利润是由20%的客户带来的，这条规律对大部分公司来说都行之有效。而这样一个规律意味着两个重大信息：关注大客户和长期客户。大客户所给的业务大，这表示你更有机会运用更年轻的咨询人员；长期客户的关系造就了依赖性，因为如果他们要换另外一家咨询公司，就会增加成本，而且长期客户通常不在意价钱问题。

对大部分的咨询公司而言，争取新客户是工作重点。但在他的新公司里，尽可能与现有的大客户维持长久关系才是明智之举。

　　不久后，理查德·科克确信，对于咨询师和他们的客户来说，努力和报酬之间也没有什么关系，即使有也是微不足道的。聪明人应该看重结果，而不是一味地努力。依照一些现实真理的见解做事，而不是像头老黄牛单纯地低头向前。相反，仅仅凭着脑子聪明和做事努力，不见得就能取得顶尖的成就。

　　二八法则无论是对企业家、商人还是电脑爱好者、技术工程师和其他任何人，其意义都十分重大。这条法则能促进企业提高效率，增加收益；能帮助个人和企业以最短的时间获得更多的利润；能让每个人的生活更有效率、更快乐；它还是企业降低服务成本、提升服务质量的关键。

　　闻名全球的 IBM 公司，它的成功绝不是偶然的。早在 20 世纪 60 年代，IBM 公司睿智的管理人员就通晓 20 / 80 定律，并将其运用于电脑开发创新之中。在 1963 年，IBM 的电脑系统专家发现，一部电脑约 80％ 的使用时间，是花在 20％ 的执行指令上的。当时，基于这一重要的发现，公司立刻重设它的操作软件，让大部分的人都能容易掌握这 20％，进而轻轻松松使用。因此，与其他竞争者的电脑相比，IBM 制造的电脑更易操作，更有效率、速度更快。这令 IBM 电脑一时风靡全球，成为了电脑行业中的佼佼者。

▲ 充分利用好你的最佳时间

知道该什么时间做什么事情最合适，懂得把时间花费在最有价值的地方。正确地管理时间就是对自己生命的负责。生命有限，时间无限。如何在有限的生命中创造无限的价值，关键取决于如何充分地利用好每一份最佳时间。

人们常常抱怨生活的不公平，其实，我们没有看到一点：生活对每个人都是公平的。伟大的赫胥黎说：时间最不偏私，给任何人都是 24 小时；时间也最偏私，给任何人都不是 24 小时。不同的是，当最佳时间出现的时候，有些人懂得抓住并很好地利用，有些人却茫然不知，沉迷于一时的欢乐与游戏之中。

懂得充分利用最佳时间，无论早、中、午、晚，都能恰当地安排好待办的事情，让时间在自己的手里发挥出最大价值，成功就变得不再那么困难。

贝格特是一家保险公司的人寿保险业务员。半年前，全公司里，他一直是保险销售额最大的业务员之一。但在过去的半年当中，贝格特变得有些懒散了，开始不太愿意工作。他打破自己的惯例，把最佳的工作时间，用在读报、打网球或者随便做些别的事上，因此，他的个人业绩大大降低了。

后来，为了提高业绩，经过反思，他制订出一份工作时间表。贝格特发现，只用三到五分钟，就能确认要把自己最宝贵的时间用于何处，这大大提高了自己的工作效率。贝格特认识到了浪费掉的时间的价值，他开始改变此前的做法。每天都花上几分钟，给自己做一个利用时间的表格分析，使自己重新有效地掌握时间，充分安排并利用好各个时间段的最佳时间。这样，不仅工作业绩上升了，连个人娱乐休闲的时间也有了。

汉克斯是一名年轻的销售员。为了在工作上有所成就，以确认应当把时间花在何处，他来到图书馆，阅读了许多有关销售人员的资料。他发现，新业务员必须用75%的时间去了解情况，或寻找客户；8%的时间应当用来准备磨炼销售技能、才干及产品知识，以便能给出一份最佳的产品介绍；剩下的时间就花费在接近可能的客户上。你必须抓住时机，使这个客户做出决定，直到你拿到签了字的订货单为止。汉克斯按着这种思路，分配着这三段最佳工作时间，工作成绩进步很快，得到了上级主管的表扬。

"盛年不重来，一日难再晨。及时当勉励，岁月不待人。"这是五柳先生的劝勉之语。在自己年轻时，充分利用好工作、生活的最佳时间，就会取得自己想要的成功。就如贝格特和汉克斯一样，准确抓住最佳时间，并合理地用在工作、寻找客户或者磨炼技能上，就能在同别人一样的时间里，创造不一样的价值。

我们都知道：世界上最快而又最慢、最长而又最短、最平凡而又最珍贵、最容易被人忽视而又最令人后悔的就是时间的错失。不要在错过流星的时候再错过太阳。要及时抓住属于自己的每一分每一秒，做到"时间"有所值。

这里，我们提供几个可供参考的最佳时间利用办法：

（1）把该做的事依重要性进行排列。这件工作，可以在周末前一天晚上就安排妥当。

（2）每天早晨比规定时间早十五分钟或半个小时开始工作。这样，就可以有时间在全天工作正式开始前，好好计划一下。

（3）把最困难的事搁在工作效率最高的时候做，例行公事，应在精神较差的时候处理。

（4）不要让闲聊浪费你的时间，让那些上班时间找你东拉西扯的人知道，你很愿意和他们聊天，但应在下班以后。

（5）空闲时间应被用来处理例行工作，假如哪位访问者失约了，也不要呆坐在那里等下一位，你可以顺手找些事情来做。

（6）除了业务上的需要外，尽可能在晚上看报，而将白天的宝贵时光，用在读信、看文件或思考业务状况上，这将使你的工作更加顺利。

（7）开会时间最好选择在午餐或下班以前，这样你会发现每个人都会抓紧时间做出决定。

时间待人是平等的，但是每个人对待时间的不同态度，造成了时间在每个人手里的价值的不同。高效地管理时间，充分利用最佳时间，当年老蓦然回首的那一刻，就不会因蹉跎光阴而悔恨不已了。

△ 用好"神奇的三小时"

汤米睁开了眼睛，才不过清晨5点钟，他便已精神饱满，充满干劲。他的太太却把被子拉高，将面孔埋在枕头底下。

汤米说："过去15年来，我们俩几乎没有同时起床过。"

汤米是个上午型的人，15年来，每天坚持比太太早起三个小时。起床后，他可以从容地刷牙、洗脸，简单地活动一下身体，然后，为妻子煮上美味的早餐。剩下的一个多小时，用来整理当天即将开始的工作，提前做好周密和较为详细的准备。等到妻子醒来的时候，两个人快乐地共进早餐。15年来，从不间断，两个人生活得十分幸福，汤米个人的事业也蒸蒸日上。

每天早起三个小时的时间内，可以想象，汤米完成了多少有价值的事情。其实，汤米并非超常的人，只是他懂得用好这"神奇的三小时"而已。

"神奇的三小时"是由著名时间管理大师哈林·史密斯提出的。他鼓励人们自觉地早睡早起，每天早上5点起床，这样可以比别人更早开始新的一天，在时间上就能跑到别人的前面。利用每天早上5~8点的这"神奇的三小时"，就像汤米那样，我们可不受任何干扰地做一些自己想做的事。

其实，提倡每天用好"神奇的三小时"，并非毫无根据，而是经过科学证明的。

20世纪50年代后期，医生兼生物学家赫森提出了一项称为"时间生物学"的理论。他在哈佛大学实验室的研究中发现，某些血细胞的数目并非整天一样，视它们从体内产生的时间不同而定，但这些变化是可以预测的。细胞的数目会在一天中的某个时间段比较高，而在 12 小时之后则比较低。他还发现，心脏新陈代谢率和体温等也有同样的规律。

赫森的解释是，我们体内的各个系统并非永远稳定而无变化，而是有一个周期，有时会加速，有时会减慢。赫森把这些身体节奏称为"生理节奏"。

时间生物学的主要研究工作，当时全部由美国太空总署主持。罗杰斯就是该署的一位生理研究学家，也是一位生理节奏学权威。他指出，在大多数太空穿梭飞行中，制订太空人的工作程序表时都应用了生理节奏的原理。

这项太空时代的研究工作有许多成果可以在地球上采用。例如，时间生物学家可以告诉你，什么时候进食可以使体重不增反减，一天中哪段时间你最有能力应付最艰苦的挑战，什么时候你忍受疼痛的能力最强而适宜去看牙医，什么时候做运动可以收到最大效果，等等。罗杰斯说："人生效率的一项生物学法则是：要想事半功倍，必须将你的活动要求和你的生物能力配合。"

确实，要想做好自己的时间管理，必须了解我们自身的生理特点，掌握好自己的生理节奏，将我们的活动与生物能力相配合。每天早起三小时就是在与时间竞争，这是"勤能补拙"的笨鸟先飞精神的另一种运用。虽然自己不是笨鸟，但是先行一步，早做准备，定能收到事半功倍的效果。

要拥有美好生活，就需要更好地掌握自己的时间和身体，用好这每天的三小时，就能享受更轻松、更简单的工作和生活。

其实，仔细研究一下，除了哈林·史密斯提到"神奇的三小时"的好处之外，更有着以下诸多好处：

1. 获得内心的平静

诺贝尔和平奖得主特丽莎修女曾说过，现代生活在都市的人最缺乏的、最渴望的就是"心灵的平静"。而早睡早起，利用早上"神奇的三小时"，想些问题、做些重要工作，往往可以捕捉到都市喧嚣忙乱背后的宁静时刻。

2. 规划一天工作

"一日之计在于晨。"清晨往往是人们精神最集中、思路最清晰、工作效率最高的时候。在这段时间里，绝对没有人或电话来骚扰你，你可以全心全意地做一些平日可能要花上几个小时才能完成的工作或事务，规划一下一天的工作，能够取得很好的成效。

3. 培养自律

养成早睡早起的习惯，可以使我们一天精力充沛、信心百倍。同时，还可考验自己的自律精神，建立一个正面的"自我概念"。

4. 调息身心

当然，早睡早起并不是缩短我们的睡眠时间，正好相反，它只是将我们的睡眠及起床时间略微调整，而这正是高效率利用时间的要求。

　　试想，如果我们在晚上 10 点睡觉，早上 5 点起床的话，我们的睡眠时间仍然是七个小时。而一般人如果在午夜 12 点入睡，早上 7 点起床的话，他们的睡眠时间同样也是七个小时。所以，在此提倡早睡早起，运用好"神奇的三小时"，策略性地将休息和工作的时间对调一下，生活可以更加美好。

第七章

情绪微习惯：

轻松摆脱负面小情绪的情商养成法

⚠ 将嫉妒转化为动力

嫉贤妒能是一种不良心态。嫉妒导致采取不法手段对付别人，既害人又害己，但最终受害者还是自己。

嘴与鼻子各有其位，但又不安分守己。

一天，嘴对鼻子说："你有什么本事，竟然凌驾于我的上方？"

鼻子说："我能辨别香臭，然后你才可以去吃，所以我的位置该在你之上。"

鼻子又对眼睛说："你有什么本领，敢在我之上？"

眼睛说："我能观察四面八方，功劳特大，当然应该在你上方。"

鼻子又说："如果是这样，那么眉毛有什么能力，也处在咱们的上方？"

眉毛说："我也不清楚自己怎么有了这么个位置，但如果没有我，不知你们这张脸皮该是什么样子！"

嫉妒的影子总是阻挡在你目光的前面。

有人爱嫉妒，当别人比自己出色，就会眼红，并希望自己很快超越他。

嫉妒进入人的内心，就变成一个煽阴风、点鬼火的魔头，引发你的私欲，引你走进狭隘的深谷。

嫉妒是扼杀圣贤的刽子手，它会变得不择手段，以达到不可告人的目的，这是人类不好的一面。

但嫉妒也能产生积极进取的效果。用正当的手段，超越对手，这是良性的嫉妒。嫉妒产生竞争。

正常的嫉妒是显而易见的，但我们不能将嫉妒转变为嫉恨，那样，我们会显得异常卑劣。

学会熔炼嫉妒，那就是把本能的嫉妒化解为进取的动能，把不平静的心态归于平静，把蔑视他人长处的目光折回到自己的短处上来，这样的嫉妒便是全新的、催人奋发上进的。

茫茫人海中，由于各人的机遇与境遇不同，人难免有差别，或飞黄腾达、意气风发，或穷困潦倒、默默无闻。但芸芸众生中，总有那么一些人虽技不如人，对别人的成绩却嗤之以鼻，"妒人之能，幸人之失"，从而上演了一场场丑陋的嫉妒闹剧。在现实生活中，为了别人评上了比自己高的职称而指桑骂槐、为了某人得到领导的厚爱而愤愤不平、为了别人的生活条件比自己好而郁郁寡欢的也大有人在，给本已不大平静的生活平添了几多烦恼和些许纷扰。

嫉妒当拒。嫉妒的危害力和破坏力也可从中略见一斑。嫉妒其实是一些人心态不平衡的表现。有嫉妒之心者，也往往自高自大，认为自己是"老子天下第一"，从而看不起别人，置别人的成绩于不顾，贬他人的才干如草芥。而当别人取得一些成绩时，他的心理便会失去平衡，总会千方百计地对那些优于自己的成功者制造出种种麻烦和障碍：或打小报告，无中生有，唯恐天下不乱；或作扩音器，把一件小小的事情闹得满城风雨。嫉妒者还终日郁郁寡欢，唉声叹气。

只有被嫉妒者降到了与他一样的或更低的位置，他才认为这样可以理所当然地消除妒气了，从而偃旗息鼓。所谓"君子坦荡荡，小人长戚戚"，嫉妒他人的人心中永远无法清净明朗，他会每天心事重重、郁郁寡欢，因为嫉妒者也当属小人之列。

其实，嫉妒者应该注意了，你大可不必嫉妒那些有才能的人。俗话说，"尺有所短，寸有所长"。每个人都有自己的长处，也有自己的短处，为何非拿自己的短处与他人的长处硬比，自添一份抑郁？嫉妒者还可以化"嫉妒"为动力，用自己的奋斗和努力去消除与他人之间的差距，甚至超过他，或许他人也会对你羡慕不已。

在当今社会竞争激烈、人才辈出的时代里，如果没有容人海量，没有爱才和取人之长、补己之短的健康向上心理，就很难成就自己的事业，甚至往往因生嫉妒心而患上心理疾病。

人总有一种要求成功的愿望，有一种超过别人的冲动，这正是社会所希望的。但是，有些人在成功不了或超过不了的时候，产生了一种由羞愧、愤怒、怨恨等组成的复杂情感，这就是嫉妒，说得俗一些，就是得了"红眼病"。嫉妒的产生则是令人担忧的。嫉妒一经产生，它便成了纷扰的源泉：看到别人成功了，就生气、难过、闹别扭；听说别人强于自己，就四处散布谣言，诋毁别人的成绩；发现几个人亲如家人，就想方设法去施"离间计"，等等。这样的嫉妒不仅妨碍了他人的生活，而且自食其果，给自己带来极大的心理痛苦。

本来，嫉妒是人类的一种普遍的情绪，它源于人类的竞争，其本身具有一定的生物学意义，或起积极作用，或起消极作用，这视其指向和表现方式是否有益于自身的发展和社会的需要而转移。例如，有些人嫉妒是出于不服与自惭而不甘居下，奋发努力，力争上游，这就是积极的心理与行为。这种情形在充满竞争的现代社会里，更有其积极的意义。再比如，莎士比亚就曾经把嫉妒视作爱情的"卫道士"。爱情当中的嫉妒也是有一定积极意义的。爱情具有强烈的排他性，自己的恋人如果反对你同别的异性接触和交往，正是反映了他（她）对你的爱的程度。相反，如果从不"吃醋"，毫无嫉妒心，那么也许你们之间的关系还只是一般的友谊，而不是爱情。

当然，值得庆幸的是，严重的嫉妒心理在大多数人那里找不到生长的温床，只有心胸狭隘的人容不得别人比自己有半点的超出，他们像武大郎开店那样，比自己高的人都不能来做跑堂；他们也像三国时的周瑜那样，发出"既生瑜，何生亮"的感慨。在交往中，心胸狭隘的特点更是暴露无遗。他们总希望别人都围着自己转，一旦满足不了这个愿望时，他们就会发脾气。他们还会因一些微不足道的事而产生嫉妒心理，别人在外貌、财富、学识、地位、爱情等方面的优越都可以成为滋生嫉妒的基础，例如，他们会因为别人容貌端正可爱、受人欢迎而嫉妒得暴跳如雷，会因为别人凭借能力拿到比自己高的薪水而愤愤不平。这些心胸狭隘的人往往还缺乏修养，他们在本不该产生嫉妒心理时却产生嫉妒的怨恨之后，总是不能控制情绪的发展，更不能将其转化到积极的方面，而是立即将嫉妒心理转变成嫉妒的行动，一直到发泄了怨恨、平衡了心理之后，方才罢休。

但是，不管嫉妒心理出现在什么样的人身上，既然它是一种有害的心理，我们就应当克服它、摆脱它。克服嫉妒心理首先要纠正自己的认知偏差。嫉妒者在别人成功时，总以为别人的成功是对自己的威胁，是对自己利益的侵占。实际上，别人的成功完全在于自己的努力，他有权获得这份荣誉。嫉妒者不应当把别人的成功等同于自己的失败，而应当学会比较的方法，善于学习别人的长处来克服自己的短处，而不是以己之短比人之长。

一些人用来克服嫉妒心理的方法主要是文饰，即为缓解由失败带来的内心不安，从而给自己找一些有利的而在别人看来是不合理的理由。例如，别人成功时，我们可以轻描淡写地说一句"那是他奋斗的结果，如果我努力，也会做到的"，以此缓解心中的不满，避免嫉妒心理的产生。这种方法确实可以平衡一个人的心理状态，但过分使用，就会妨碍一个人的上进心。

当有人嫉妒你时，一定要保持一种平静的心情，不动声色地继续与其交往。乐观的人在受到他人嫉妒时，往往心里比较高兴，因为别人的嫉妒证明了自己是超过他人的，没有人去嫉妒一个无能之辈，所以他们对嫉妒者笑脸相待。而悲观者在受到他人嫉妒时，不是忍气吞声或收敛自己的努力，就是争辩赌气，结果正中嫉妒者的下怀，所以正确的态度是不亢不卑、坦坦荡荡。嫉妒，滋生了人间的纷扰，带来了世态的不安，诽谤、诬陷、报复和发泄成了那些嫉妒者的主要行为，而嫉妒者自己也被嫉妒折磨得"遍体鳞伤"。嫉妒者在正视了这些现实以后，也为以前的所作所为感到后怕，他们勇敢地执起了"神棒"，赶走了这个"四处游荡的魔鬼"。

一个有道德的人，一个思想纯正的人，一个能积极进取的人，当他发现有人比自己做得好、比自己有能力时，从不去考虑别人是否超过了自己，或对别人心生不满，而是从别人的成绩中找出自己的差距所在，从而振作精神，向人家学习。这样，便有可能在一种积极进取的心理状态下，迸发出创造性，赶上或超过曾经比自己强的人。这就是古人所说的见贤思齐。

总之，嫉妒是一种不健康的心理，但如果你想改变它，不是不可能，只要你努力。有见贤思齐的精神，学会调整自己的心态，不断开阔自己的心胸，那些可能会不期而至的嫉妒心理便会烟消云散。你如果能不断地克服这种不良的心态，你的人格就会不断地健全，你便会成为一个受欢迎的人。

⚠ 不陷入忧虑的沼泽地

忧虑，是人在面临不利环境和条件时所产生的一种情绪抑制。它是一种沉重的精神压力，使人精神沮丧、身心疲惫。我们看那些忧心忡忡的人，整日愁眉苦脸、唉声叹气，一副暮气沉沉的样子。他们对什么都提不起兴趣，生活成了一种苦刑。恰如高尔基说的，忧愁像磨盘似的，把生活中所有美好的、光明的一切和生活的幻想所赋予的一切，都碾成枯燥、单调而又刺鼻的烟。

忧虑的人是无法专注于工作的。忧虑也使人神思恍惚、反应减慢、智力水平下降。整天为不如意的事忧虑伤神，大脑长期处于低潮状态，工作、劳动自然不会取得成果。忧愁也会使人生病，中医早就指出"忧者伤神"。长期心绪不佳，胃口必然不好，体质必然虚弱。严重的忧郁症，还可能引发轻生。

忧虑的人常常有这样一些行为：

逃避问题。由于问题难以解决而干脆采取回避态度，但事实上问题依然存在，自己只是在表面上逃避，内心深处还是放不下，难题成为心头的沉重包袱。

对问题过分执着，将其看得过于严重。这实际上是给自己增加不必要的精神压力。

不敢正视自己的内心，自我封闭。所谓"烦着呢，别理我"，就是这样一种心态的反映。

无论是逃避问题还是对问题过分执着，实际上只可能有两种情况。一种情况是，问题并不像我们所想的那么糟，至少没有到无可挽回的地步。只要采取积极正确的态度，问题就会得到解决。这样，我们也就没有什么可忧愁的了。另一种情况是，问题的确超出了我们能力所能解决的范围。对这种情况，我们就需要乐观一些，就像杨柳承受风雨一样，我们也要承受无可避免的事实。哲学家威廉·詹姆士说："要乐于承认事情就是这样的情况。能够接受发生的事实，就是能克服随之而来的任何不幸的第一步。"美国克莱斯勒公司的总经理凯勒说："要是我碰到很棘手的情况，只要想得出办法能解决的，我就去做。要是干不成的，我就干脆把它忘了。我从来不为未来担心，因为，没有人能够知道未来会发生什么事情，影响未来的因素太多了，也没有人能说清这些影响都从何而来，所以，何必为它们担心呢？"

对自我封闭的心理行为，要通过积极地与外界交流来改变。有了烦心的事，不要闷在心里，试着向亲人、朋友、老师讲讲，他们的倾听以及有益的劝慰，会驱走你心中的阴云。

你也可以通过改变生活中的一些细节和"心像"（自我的内心形象）来摆脱忧愁，比如：

在情绪阴郁时，尽量想象自己很快活的样子，充满信心地去做事。挺起胸，抬起头，微笑！虽然这在开始时需要相当的勇气和努力，但只要你坚持做下去，就会发现其实这并不难。

忧虑的人往往变得邋遢。你应反其道而行之，做到服装整洁，理理发，洗个澡……

反复地说出自己的名字，给自己打气。说："这没有什么了不起！"这是一种积极有效的心理暗示。

改变交往的对象，结识新朋友。

做自己感兴趣的事，如跑步、唱歌、听音乐等。

帮助别人，做一些公益性的事。你将会找回自我的价值，感受到生活中有比个人的忧愁更为重要的事。

还有其他一些方法，比如"让自己忙碌"。卡耐基说，忧虑的人一定要让自己沉浸在工作里，否则只有在绝望中挣扎。

曾经有个故事，战争中，敌机把家园炸成了废墟，许多人在那里悲痛欲绝。而唯有一名男子，默默地从废墟中捡出一块又一块砖，放到一边——这是重建家园所需的。他的行动影响了众人，众人不再哭泣，也默默地捡了起来。

的确，生活中我们会遇到许多次退潮，忧虑会成为生命中一时难以承受之重。要祛除这沉重，达观安然的哲学态度是一剂良方。另一剂良方就是行动，行动可以有效地转移你的注意力。这就是为什么有人在烦恼忧虑时，会去拳击馆或足球场拼命运动的原因。行动会使你找回自信和力量，行动也会直接产生实际成果，从而更加鼓舞你。

⚠ 不被回忆所控制

靠怀念过去来逃避现实，确是一种无益的习惯，其结果往往是使人逃避成熟的思考，而进入一种虚无缥缈的幻想境界。

一个夏天的下午，在纽约的一家中国餐厅里，奥里森·科尔在等待着他的朋友，他感到沮丧而消沉。由于他在工作中有几个地方出现错误，使他没有做成一项相当重要的项目。即使在等待见他一位最珍视的朋友时，也不能像平时一样感到快乐。

他的朋友终于从街那边走过来了，他是一名了不起的精神病医生。医生的诊所就在附近，科尔知道他刚刚和最后一名病人谈完了话。

"怎么样，年轻人，"医生不加寒暄就说，"什么事让你不痛快？"对他这种洞察心事的本领，科尔早就不意外了，因此他就直截了当地告诉他使自己烦恼的事情。然后，医生说："来吧，到我的诊所去。我要看看你的反应。"

医生从一个硬纸盒里拿出一卷录音带，塞进录音机里。"在这卷录音带上，"他说，"一共有3个来看我的人所说的话。当然没有必要说出来他们的名字。我要你注意听他们的话，看看你能不能挑出支配这3个案例的共同因素，只有4个字。"他微笑了一下。

在科尔听起来，录音带上这3个人的声音共有的特点是不快活。第一个是男人的声音，显示他遭到了某种生意上的损失或失败。第二个是女人的声音，说她因为照顾寡母的责任感，以致一直没能结婚，她心酸地述说她错过了很多结婚的机会。第三个是一位母亲，因为她十几岁的儿子和警察有了冲突，而她一直在责备自己。

在3个人的声音中，科尔听到他们一共6次用到4个文字："如果，只要"。

"你一定大感惊奇。"医生说，"你知道我坐在这张椅子里，听到成千上万用这几个字作开头的内疚的话。他们不停地说，直到我要他们停下来。有的时候我会要他们听刚才你听的录音带，我对他们说：'如果，只要你不再说如果、只要，我们或许就能把问题解决掉！'医生伸伸他的腿。"用'如果，只要'这4个字的问题，"他说，"是因为这几个字不能改变既成的事实，却使我们面朝着错误的方面，向后退而不是向前进，并且只是浪费时间。最后，如果你用这几个字成了习惯，那这几个字就很可能变成阻碍你成功的真正的障碍，成为你不再去努力的借口。"

"现在就拿你自己的例子来说吧。你的计划没有成功。为什么？因为你犯了一些错误。那有什么关系？每个人都犯错误，错误能让我们吸取教训。但是在你告诉我你犯了错误，而为这个遗憾、为那个懊悔的时候，你并没有从这些错误中吸取到什么。"

"你怎么知道？"科尔带着一点辩护地说。

"因为，"医生说，"你没有脱离过去式，你没有一句话提到未来。从某些方面来说，你十分诚实，你内心里还以此为乐。我们每个人都有一点不太好的毛病，喜欢一再讨论过去的错误。因为不论怎么说，在叙述过去的灾难或挫折的时候，你还是主要角色，你还是整个事情的中心人……"

在医生的开导下，科尔终于意识到，自己沉浸在过去错误的阴影中，还没有真正走出自我，并用积极上进的态度去改变现在的处境。医生告诉科尔，他患上了严重的"怀旧病"，而采用"如果，只要"这类字眼是"怀旧"病的重要特征。

应该说，一个人适当怀旧是正常的，也是必要的，但是一味地沉湎于过去而否认现在和将来，就会陷入病态。

每个人都应当谨记：昨天就像使用过的支票，明天则像还没有发行的债券，只有今天是现金，可以马上使用。今天是我们轻易就可以拥有的财富，无度的挥霍和无端的错过，都是一种对生命的浪费。

这世上再也没有什么能比今天更真实的了。

不要回避今天的真实与琐碎，走脚下的路，唱心底的歌，把头顶的阳光编织成五彩的云裳，遮挡风霜雨雪。每一个日子都向人们敞开，让花朵与微笑回归你疲惫的心灵，让欢乐成为今天的中心。如果有荆棘刺破你匆匆的脚步，那也是今天最真实的痛苦。

只有把持今天，才能让生命感知生活的无边快乐。

⚠ 正确对待压力

现代社会是一个到处充满压力的社会，有求学的压力，有家庭的压力，有工作的压力。美国精神健康研究所的菲利浦·戈尔德说，世界上不存在任何没有压力的环境。要求生活中没有压力，就好比幻想在没有摩擦力的地面上行走一样是不可能的，关键在于怎样对待压力。从事压迫感研究30多年的塞利说："现代人要么学会控制压迫感，要么走向事业的失败、疾病和死亡。"

其实，人们一直生活在两种压力中：一是作用于躯体的物理压力，如大气压、地心吸引力、心脏压力等，这些压力维持生命形式；二是内在的精神压力，如生存竞争的压力、对危险与死亡的恐惧、人际压力、情绪与情感的压力等，这些压力保持人的警觉（清醒状态）和合适的行为模式。

可见，压力并不都是无益的。研究压力与人类身心影响最有名的加拿大医学教授赛勒博士曾说："压力是人生的香料。"他提醒我们，不要认为压力只有不良影响，而应转换认知和情绪，多去开发压力的有利影响，本来人类在其一生中就是无法摆脱压力的。

既然无法逃避压力，就要学习与压力共处，若无法和平相存，甚至想克服压力来获得回馈，则可能导致身体与精神疾病。时常受到压力的折磨，不仅会对工作人员及家庭生活造成伤害，同时也会导致企业生产力和竞争力下降，甚至造成无可弥补的损失。

与压力共处的第一个原则是要对压力有所觉察。人类机体对压力往往有一种天生的吸收缓冲机制，一般的生活压力会被身体转化成活力与激情。如果一个人生活在流动的、不停变化的压力丛中，他的机体不仅可以是健康的，也是有饱满能量的。压力过小的生活让人消沉、昏昏欲睡、机体懈怠、思维变慢。但有两种压力可能使机体调节失常，一是突如其来的过大压力，二是持续不变低量的压力。觉察压力有三个层次：稍微过多的压力引发纷乱的情绪；较大的压力带来躯体各种不适反应；过大的压力出现意识缩窄，对环境反应迟钝，身心处在崩溃的边缘。

与压力共处的第二个原则是平衡。躯体与精神两种压力之间存在着某些联系，当躯体压力大时，精神压力也会慢慢增大，反之亦然。通过放松来释放躯体压力，精神压力也在释放。当我们集中精力工作太久，或者长期处在竞争的状态，可通过身体的放松来释放精神压力。

与压力共处的第三个原则是舒解压力的技术。这一点我们将在后面的文字里具体讲述。

与压力共处的第四个原则是保持积极心态。良好的心态可增加人们应对压力的能力，不良的心态本身就像一团乱麻，干扰人的内心。当然，更主要的是要对压力有正确的观念。压力并不可怕，可怕的是我们对压力有不恰当的观念与反应。越怕压力就越会生活在压力的恐惧中，不惧压力的人在任何压力面前都会游刃有余。

如果学会与压力共处，就可把压力变成实实在在的动力：行为有效，感情丰富，精力充沛……

◬ 永不抱怨

如果一个人从年轻时就懂得永不抱怨的价值，那实在是一个良好而明智的开端。倘若你还没修炼到此种境界，就最好记住下面的话：如果说不出别人的好话，就宁可什么话也不说。

"烦死了，烦死了！"一大早就听王宁不停地抱怨，一位同事皱皱眉头，不高兴地嘀咕着："本来心情好好的，被你一吵也烦了。"

王宁现在是公司的行政助理，事务繁杂，是有些烦，可谁叫她是公司的管家呢，事无巨细，不找她找谁？

其实，王宁性格开朗，工作起来认真负责，虽说牢骚满腹，该做的事情，一点也不曾拖延。设备维护，办公用品购买，交通信费，买机票，订客房……王宁整天忙得晕头转向，恨不得长出 8 只手来。再加上为人热情，中午懒得下楼吃饭的人还请她帮忙叫外卖。

刚交完电话费，财务部的小李来领胶水，王宁不高兴地说："昨天不是来过吗？怎么就你事情多，今儿这个、明儿那个的！"

抽屉开得噼里啪啦，翻出一个胶棒，往桌子上一扔，说："以后东西一起领！"小李有些尴尬，又不好说什么，忙赔笑脸："你看你，每次找人家报销都叫亲爱的，一有点事求你，脸马上就长了。"

大家正笑着呢，销售部的王娜风风火火地冲进来，原来复印机卡纸了。王宁脸上立刻晴转多云，不耐烦地挥挥手："知道了。烦死了！和你说一百遍了，先填保修单。"单子一甩，"填一下，我去看看。"王宁边往外走边嘟囔："综合部的人都死光了，什么事情都找我！"对桌综合部的小张气坏了："这叫什么话啊？我招你惹你了？"

态度虽然不好，可整个公司的正常运转真是离不开王宁。虽然有时候被她抢白得下不来台，也没有人说什么。怎么说呢？她不是应该做的都尽心尽力做好了吗？可是，那些"讨厌""烦死了""不是说过了吗"……实在是让人不舒服。特别是同办公室的人，王宁一叫，他们头都大了。"拜托，你不知道什么叫情绪污染吗。"这是大家的一致反应。

年末的时候公司民主选举先进工作者，大家虽然觉得这种活动老套可笑，暗地里却都希望自己能榜上有名。奖金倒是小事，谁不希望自己的工作得到肯定呢？领导们认为先进非王宁莫属，可一看投票结果，50多张选票，王宁只得12张。

有人私下说："王宁是不错，就是嘴巴太厉害了。"

王宁很委屈："我累死累活的，却没有人体谅……"

抱怨的人不见得不善良，但常常不受欢迎。抱怨就像用烟头烫破一个气球一样，让别人和自己泄气。谁都不愿靠近牢骚满腹的人，怕自己也受到传染。抱怨除了让人丧失勇气和朋友，于事无补。

几乎在每一个公司里，都有"牢骚族"或"抱怨族"。他们每天轮流把"枪口"指向公司里的任何一个角落，埋怨这个、批评那个，而且，从上到下，很少有人能幸免。他们的眼中处处都能看到毛病，因而处处都能看到或听到他们的批评、发怒或生气。

小王刚出来打工时，和公司其他的业务员一样，拿很低很低的底薪和很不稳定的提成，每天的工作都非常辛苦。他拿着第一个月的工资回到家，向父亲抱怨说："公司老板太抠门了，给我们这么低的薪水。"慈祥的父亲并没有问具体数字，而是问："这个月你为公司创造了多少财富？你拿到的与你给公司创造的是不是相称呢？"从此，他再也没有抱怨过，既不抱怨别人，也不抱怨自己。更多的时候只是感觉自己这个月的成绩太少，对不起公司给的工资，于是他更加勤奋地工作。两年后，他被提升为公司主管业务的副总经理，工资待遇提高了很多，他时常考虑的仍然是："今年我为公司创造了多少？"有一天，他手下的几个业务员向他抱怨："这个月在外面风吹日晒，吃不好、睡不好，辛辛苦苦，大老板才给 500 元！你能不能跟大老板建议给增加一些？"他问业务员："我知道你们吃了不少苦，应该得到回报，可你们想过没有，你们这个月每人给公司只赚回了2000元，公司给了你们500元，公司得到的并不比你们多。"业务员都不再说话，以后的几个月，他手下的业务员成了全公司业绩最优秀的业务员，他也被老总提拔为常务副总经理，这时他才27岁。去人才市场招聘时，凡是抱怨以前的老板没有水平、给的待遇太低的人他一律不要，他说，持这种心态的人，不懂得反思自己，只会抱怨别人。

抱怨一般有三种：一种是工作上的抱怨，如抱怨上司不公平、待遇不佳、工作太多、同事不合作等等；另一种是生活上的抱怨，如抱怨物价太高、小孩不乖、身体不好等等；还有一种是对社会的抱怨，总是愤世嫉俗，对不公平之事极度不满。

人都有一种正义与刚毅之气，有一种自尊之需，因此难免会对周围的不平之事发泄自己心中的情绪，但要知道你的抱怨不会给别人带来任何益处。

别人没有听你抱怨的义务，你的抱怨如果与听者毫无关系，会让听者不耐烦，如果你经常抱怨，下次他看见你便会躲得远远的。

有问题才会抱怨，如果你抱怨的都是一些很小的事情，而且天天抱怨，那就会给人一种"无能"的印象。一个能干之人，如果因为爱抱怨而被人认为"无能"，那不是很冤枉吗？

如果你时常抱怨别人，那么你也会被认为是个不合群、人际关系有问题的人，否则为什么别人不抱怨？

对工作的抱怨如果言过其实或无中生有，那么不仅听的人不以为然，不同情你，反而会抵制你，连上司也会对你表示反感。

抱怨也会使自己的情绪恶化，看什么都不顺眼，使自己陷入一种自己制造出来的消极情境之中。

经常抱怨也会变成一种习惯，遇到压力或不如意之事，便先抱怨一番，这是最可怕的事情。

抱怨也会影响其他人的情绪，让不明真相的人心理产生波动，这会破坏所处场所的气氛，而你这种行为也必将受到指责。

告别抱怨的理由：

1. 抱怨解决不了任何问题

分内的事情你可以逃过不做么？既然不管心情如何，工作迟早要做，那何苦叫别人心生不快呢？太不明智了！有发牢骚的工夫，还不如动动脑筋想想办法：事情为什么会这样？我所面对的可恶现实与我所预期的愉快工作有多大的差距？怎样才能如愿以偿？

2. 发牢骚的人没人缘

没有人喜欢和一个满腹牢骚的人相处。再说，太多的牢骚只能证明你缺乏能力。无法解决问题，才会将一切不顺利归于种种客观因素。若是你的上司见你整日哼哼唧唧，他恐怕会认为你做事太被动，不足以托付重任。

3. 冷语伤人

同事只是你的工作伙伴，而不是你的兄弟姐妹，就算你句句有理，谁愿意对你的指责洗耳恭听？每个人都有貌似坚强实则脆弱的自尊心，凭什么对你的冷言冷语一再宽容？很多人会介意你的态度："你以为你是谁？"何况很多人不会把你的好放在心上，一件事造成的摩擦就可能使对方认为你一无是处。

4. 重要的是行动

把所有不满意的事情罗列一下，看看是制度不够完善还是管理存在漏洞。公司在运转过程中，不可能百分之百地没有问题。那么，快找出来，解决它；如果是职权范围之外的，最好与其他部门协调，或是上报公司领导。请相信，只要你有诚意，没有解决不了的问题。

当然，如果你尽力了，还是无法力挽狂澜，那么也尽快停止抱怨吧，不妨换个工作。

⚠ 用运动来驱散心头的郁闷

烦恼的最佳"解毒剂"就是运动。当你烦恼时，多用肌肉，少用脑筋，其结果将会令你非常惊讶。这种方法对每一个人都极为有效——当我们开始运动时，烦恼就会消失。卡耐基诙谐地说过："我若发现自己有了烦恼，或是精神上像埃及骆驼寻找水源那样绕着圈子不停打转，我就利用激烈的体能锻炼，来帮助我驱逐这些烦恼。"

因此，当你觉得烦恼的时候，不妨尝试去做一些运动，这些运动可能是跑步，或是徒步远足到乡下，或是打半小时的沙袋，或是到体育场打网球。不管是什么，体育活动总能使我们的精神为之一振。你可以尝试围着球场跑一圈，或者打一场激烈的网球，等到身体疲倦了，精神也随之得到了休息，当我们再度回去工作时，就会觉得精神饱满，充满活力。事实证明，快乐的身体能够带动快乐的心灵。

有位专门研究快乐如何影响心理的科学家曾整理出了快乐的技巧，方法简单而且效果神速，让人能立刻就变得快乐起来，这就是运动和听音乐。

经常运动，抬头挺胸。我们在矫正头脑之前，要先校正身体。为什么呢？因为生理与心理是息息相关的。相信你也该有过这样的体验，当心情处于低潮的时候，我们往往也是无精打采、垂头丧气；而心情快乐时，自然是抬头挺胸、昂首阔步了。所以，身体的姿势的确会与心理的状态密不可分。再从另一角度来看，当一个人抬头挺胸的时候，呼吸会比较顺畅，而深呼吸则是释放压力的妙方。所以当抬头挺胸时，我们会觉得比较能够应付压力，当然也就容易产生"这没什么大不了"的乐观态度。另外，与肌肉状态有关的信息也会通过神经系统传回大脑去。当我们抬头挺胸的时候，大脑会收到这样的信息：四肢自在，呼吸顺畅，看来是处于很轻松的状态，心情应该是不错的。在大脑也做出心情愉悦的判断后，自己的心情就更轻松了。因此，身体的状态和姿势的确会影响心情状态。运动能推动快乐，要是垂头，就容易感到丧气，如果挺胸，则容易觉得有生气。

所以这个简单得令人不可置信的方法，请千万别小看它，下次若头脑中悲观的念头又再出来时，赶快调整一下姿势，抬头挺胸地面对生活的困境吧！

绝望的人都有一个共同的特性——感情麻木，所以帮助他们的方法就是激励他们振作。如果你此刻心情低落，千万不要坐着不动，让这种心情持续增加。你不妨从自我奖励开始，例如买些你以前一直想买的东西，或是拜访一直没空去看的朋友或亲人。如果距离不太远，最好走路，不要搭车。假使你有运动的习惯，那么就以运动好好发泄一番，驱走低落的情绪。事实上，运动是克服恶劣心情的有效法宝。

⚠ 情绪低落时不妨假装一下快乐

很多人都有这样的体会：当我们在做一些有兴趣也很令人兴奋的事情时，很少会感到疲劳。因此，克服疲劳和烦闷的一个重要方法就假装自己很快乐。如果你"假装"对工作有兴趣，一点点假装就可以使你的兴趣成真，也可以减少你的疲劳、紧张和忧虑。

有一天晚上，艾丽丝回到家里，觉得精疲力竭，一副疲倦不堪的样子。她也的确感到非常疲劳，头痛，背也痛，疲倦得不想吃饭就要上床睡觉。她的母亲再三地劝她……她才坐在饭桌上。电话铃响了。是她的男朋友打来的，请她出去跳舞，她的眼睛亮了起来，精神也来了，她冲上楼，穿上她那件天蓝色的洋装，一直跳舞到凌晨3点钟。最后等她回到家里的时候，却一点儿也不疲倦，事实上还兴奋得睡不着觉呢。

在8个小时以前，艾丽丝的表情和动作，看起来都精疲力竭的，她是否真的那么疲劳呢？的确，她之所以觉得疲劳是因为她觉得工作使她很烦，甚至对生活都觉得很烦。

不知道有多少像艾丽丝这样的人，你也许就是其中之一。

一个人由于心理因素的影响，通常比身体劳动更容易觉得疲劳。约瑟夫·巴马克博士曾在《心理学学报》上有一篇论文，谈到他的一些实验，证明了烦闷会产生疲劳。巴马克博士让一大群学生做了一连串的实验，他知道这些实验都是他们没有什么兴趣的。其结果呢？所有的学生都觉得很疲倦、打瞌睡、头痛、眼睛疲劳、很容易发脾气，甚至还有几个人觉得胃很不舒服。所有这些是否都是"想象来的"呢？

不是的，这些学生做过新陈代谢的实验。由试验的结果发现，一个人感觉烦闷的时候，他身体的血压和氧化作用，实际上会减低。而一旦这个人觉得他的工作有趣的时候，整个新陈代谢作用就会立刻加速。

心理学家布勒认为，造成一个人疲劳感的主要原因是心理上的烦恼。

加拿大明尼那不列斯农工储蓄银行的总裁金曼先生对此是

深有体会。在 1943 年的 7 月，加拿大政府要求加拿大阿尔卑斯登山俱乐部协助威尔斯军团做登山训练，金曼先生就是被选来训练这些士兵的教练之一。他和其他的教练——那些人从 42 岁到 59 岁不等——带着那些年轻的士兵，长途跋涉过很多冰河和雪地，还用绳索和一些很小的登山设备爬上 40 英尺高的悬崖。他们在加拿大落基山脉小月河山谷里爬上许多百米高峰，经过 15 个小时的登山活动之后，那些非常健壮的年轻人，都完全精疲力竭了。

他们感到疲劳，是否因为他们军事训练时，肌肉没有训练得很结实呢？任何一个接受过严格军事训练的人对这种荒谬的问题都一定会嗤之以鼻。不是的，他们之所以会这样精疲力竭，是因为他们对登山这项运动觉得很烦。他们中很多人疲倦得不等到吃过晚饭就睡着了。可是那些教练们——那些年岁比士兵要大两三倍的人——是否疲倦呢？不错，他们没有精疲力竭。那些教练们吃过晚饭后，还坐在那里聊了几个钟点，谈他们这一天的事情。他们之所以不会疲倦到精疲力竭的地步，是因为他们对这件事情感兴趣。

耶鲁大学的杜拉克博士在主持一些有关疲劳的实验时，用那些年轻人经常保持感兴趣的方法，使他们维持清醒差不多达一星期之久。在经过很多次的调查之后，杜拉克博士表示"工作效能减低的唯一真正原因就是烦闷"。

因此，经常保持内心愉悦是抵抗疲劳和忧虑的最佳良方。

在这里，请记住布勒博士的话："保持轻松的心态，我们的疲劳通常不是由于工作，而是由于忧虑、紧张和不快。"如果你此刻不快乐，会导致身体更加疲劳，情绪也就更加低落。因此，此时不妨假装一下自己是快乐的，当你的心理产生快乐的愿望时，身体也会跟着调整到快乐时的状态，从而形成良性的循环。不信你就试试！

⚠ 用幽默和微笑来战胜不良情绪

平和宁静的心境不仅是衡量一个人心理是否健康的重要指标，同时也是我们保持心理健康的一个有效方法。心理学研究证明，幽默作为一种心理防卫机制，能使处于沮丧困苦中的人放松紧张的心理，降低心理压力，缓和内心冲突，排除内心的抑郁，解放被压抑的情绪，调节和保持心理健康。所以，心理学家主张用幽默和微笑来战胜不良情绪对人们心理的侵蚀和损害。

英国著名科学家法拉第曾经由于紧张的研究工作而导致经常性的头痛失眠，使他苦不堪言。一次他去看病，医生开给他的处方不是药名，而是一句英国谚语："一个丑角进城，胜过一打医生。"

法拉第马上悟出了其中的奥妙，于是经常去看喜剧、滑稽戏等表演，被逗得哈哈大笑。不久，他的健康状况明显好转。

20世纪70年代，在英国的一所大学里，创建了一个"幽默教室"，人们可以用各种手段在那里发笑，以便使自己的心情舒畅、精神愉快、驱除疲劳、解除烦恼。幽默和笑实际上成了一种有效的心理疗法，成了"精神上的消毒剂"，成了"抑制精神危险的武器"。

现代生活节奏太快，有不少人得了抑郁症或其他类型的心理疾病，这时我们不妨也采用"笑疗"的方法，自己为自己治病。具体的做法是：

（1）当自己感觉苦闷、忧愁而又难以摆脱时，采取"逆向思维"法，多听听相声、小品、喜剧，在阵阵欢笑中化开心中的郁结，这比任何药物或许更管用。

（2）多和那些喜欢幽默，又好说笑话的朋友接触。与他们在一起，幽默的话语不绝于耳，一个个笑话让人心中充满欢悦。有时还会从笑声中得到不少人生的感悟。

（3）平时多看些欢乐的演出或电视节目。像文艺演出，还有电视及电台中的娱乐节目等，听着看着，你会沉浸在会心的笑意中，那些郁闷就会一扫而光。

（4）找友人聊天，和性格开朗的人相聚，把心中的不快说出来，给心灵来个"减负"，并从别人的劝解中释疑解惑，同时对方的幽默语言会让你发笑，从而获得好心情。

（5）找个环境幽雅之处，静下心来专门去想那些可乐的事。或一段相声，或一件让人捧腹大笑的事；也可以使自己突发奇想，假设出一些让人笑的事，这样你会情不自禁地笑出声来。"笑疗"可让朋友为你治"心病"，但大多还是自我疗法，也不用去医院，更不用花钱，可谓简便易行，且无副作用。你若受到不良情绪的困扰不妨试一试。

⚠ 不生气等于消除坏情绪的源头

抱怨就好像是一种可以迅速传开的疾病，能够在最短的时间里在人群中扩散开来。所以像下面这样的事情，你也许也会经常看到：

张敏是某个公司的员工，已经在公司干了两年了，但是公司一直没有给她涨工资。老板总是说，公司的发展还没有上轨道，所以一些不必要的开销能省就省，很多时候连员工的饭补也省了。公司主管还经常在快要下班的时候开会，一开就是很长时间，占用了员工的很多私人时间。

这个月，张敏一直在领导的强制下加班，可是到了月末，公司并没有给加班费，这让张敏越想越气，所以公司之前所做的种种不合理的做法，让她一起想起来了。

她越想越气，恰好赶上同事李佳走进了办公室，她就把所有的不满和牢骚都跟李佳说了。李佳一听，也觉得公司太过分了，明显的克扣工资，还总是占用他们那么多私人时间，实际上就是变相的加班。李佳也觉得很生气，所以越说情绪越激动。

渐渐地，办公室里的人多了起来。大家都加入了张敏和李佳的行列，开始为张敏抱不平，也数落公司的种种不是。你一言我一语的，说个没完。

看到这样的情形，你也许会很奇怪，刚开始一个人的不满情绪，怎么会那么快就传染给了每一个人？下面我们来分析一下：

我们都知道，人类具有很强的模仿天性，而且具备很强的情绪传染共性。通常情况下，看到身边的人在做什么，很容易就跟着他去做。这样的行为是没有加入任何的思考因素的，而是下意识的模仿。所以看到别人在抱怨，就不自觉地跟着抱怨，是模仿的作用。而另一方面，人跟人之间的情绪是很容易被感染的，比如你看见一个人哭得很伤心，那么你的心情也很难快乐起来的，有时候甚至会跟着哭；工作中，你的同事觉得有些疲倦，他把这样的信息传达给你的时候，你也会逐渐地意识到自己有些累了……这就是相互感染。所以，当那些同事看到张敏和李佳很生气的时候，心里也会跟着产生不满和气愤的共鸣，所以导致大家都在跟着抱怨。

在生活中，我们说抱怨的话，是不可能找到跟我们无关的人说的。那些倾听我们怨言的人，往往都是跟我们比较亲近的人，或者在某种利益上能够达到共识的人。所以，你的问题很可能也是他的问题，你说出来的话，尽管他当时没想到，可能在你说出来以后，他就会觉得："对，事情就是这个样子的。"

一旦这样在精神上达成了共识，那么你就成功地把抱怨的情绪传给他了。

所以说，抱怨就好像是一场传染病，一场瘟疫，能够在最短的时间内在人群中传播。可是，如果我们能够摆正心态，将抱怨的心理从自己的身上剔除，那么我们等于是给抱怨消灭了一个传播源头。而如果生活中的每一个人都不再去做这个传染源，那么在我们的身边也就不存在抱怨了。

⚠ 感到压抑时，让自己静坐在阳光下

一位在外企供职的银行职员曾经在自己的日记中写道："我们总是处于人群之中，在喧闹的人群中听不见自己的脚步声。我们总是被家人、朋友围绕着，耳边充斥着噪音、喧哗，忍受着繁忙工作、家庭琐事的无穷折磨。我们每天的神经都绷得紧紧的，得不到一丝喘息的机会。"生活中，有千千万万个像这位职员一样忙于工作而无暇自顾的人。在这种时候，我们就应该考虑是否该独处一段时间了。我们可以找时间让自己静一静，把宁静从自己的心中重新找回来。

约翰是一家大型航空公司的经理。一次偶然的邂逅让他学会了一种"坐在阳光下"的艺术，这让他第一次能够在忙碌的生活中找回宁静的心境。下面是他对这段宝贵体验的回顾：

在一个二月的早晨，我正匆匆忙忙走在加州一家旅馆的长

廊上，手上满抱着刚从公司总部转来的信件。我是来加州度寒假的，但是仍无法逃脱我的工作，还是得一早处理信件。当我快步走过去，准备花两个小时来处理我的信件时，一位久违的朋友坐在摇椅上，帽子盖住他部分眼睛，把我从匆忙中叫住，用他缓慢而愉悦的南方腔说道："你要赶到哪儿去啊，约翰？在这样美好的阳光下，那样赶来赶去是不行的。来这里，好好'嵌'在摇椅里，和我一起练习一项最伟大的艺术。"

这话听得我一头雾水，问道："和你一起练习一项最伟大的艺术？"

"对，"他答道，"一项逐渐没落的艺术。现在已经很少有人知道怎么做了。"

"噢，"我问道，"请你告诉我那是什么。我没有看到你在练习什么艺术啊！"

"有啊！我有。"他说道，"我正在练习'坐在阳光下'的艺术。坐在这里，让阳光洒在你的脸上。感觉很温暖，闻起来很舒服。你会觉得内心很平静，你曾经想过太阳吗？"

他说："太阳从来不会匆匆忙忙，不会太兴奋，它只是缓慢地善尽职守，也不会发出嘈杂声——不按任何钮，不接任何电话，不摇任何铃，只是一直洒下阳光，而太阳在一刹那间所做的工作比你加上我一辈子所做的事还要多。想想看它做了什么。它使花儿盛开，使大树生长，使地球温暖，使五谷成熟；它还蒸发了水分，然后再让它回到地球上来，它还使你觉得有'平静感'。"

"我发现当我坐在阳光下，让太阳在我身上作用时，它洒在我身上的光线给了我能量。这是我花时间坐在阳光下的赏赐。""所以请你把那些信件都丢到角落去，"他说道，"跟我一起坐到这里来。"

我照做了。当我后来回到房间去处理那些信件时，几乎一下子就完成了工作。这使得我还留有大部分的时间来度假，也可以常"坐在阳光下"放松自己。

缓解压力的一个重要的秘诀就是保持内心的平静。当我们疲惫地工作了一段时间后，不妨也练习一下这种"坐在阳光下"的放松艺术，为自己的心灵腾出一个安静的空间，让自己体验一下轻松闲适的生活。每天当我们工作太过疲倦，面对生活感到压力重重时，可以观察一下我们喜欢的植物、动物，思考一下自己感兴趣的问题或者只是站在窗口看看蓝天、白云。让思维从外界中跳出来，从混乱无常的感觉中解放出来，让头脑得到彻底的净化，这样我们才能够更加精神抖擞地面对生活。

第八章

礼仪微习惯：

举手投足尽显风度的行为细节

⚠ 举手投足都会影响你的社交效果

　　一个受欢迎的人一定是一个深谙礼仪之道的人，礼仪能够起到美化形象的作用，从而帮助人们在人际交往中树立良好的形象。实质上，礼仪能够起到打造人际关系的作用。人际关系之所以能够维持，一个重要的内容是双方在心理上能够得到满足。在交往中懂礼仪、有礼貌、知礼节，会令对方感到一种被尊重感，获得一种心理愉悦，自然能够为打造良好的人际关系铺平道路。

　　礼仪就像一座桥梁或一条纽带，是人们共同遵守的一种行为规范和道德准则。内容丰富多样的礼仪、礼节有着自身的规律性：一是敬人的原则；二是自律的原则，就是在交往过程中要克己、慎重，积极主动、自觉自愿、礼貌待人、表里如一，自我对照、自我反省、自我要求、自我检点、自我约束，不妄自尊大、口是心非；三是适度的原则，适度得体、掌握分寸；四是真诚的原则，诚心诚意、以诚待人，不逢场作戏、言行不一。建立在这些原则上的不同形式的礼仪就是各种"沟通语言"，它比一般的沟通语言更显得高雅、含蓄，更容易让人接受。

　　很多人对提倡礼仪不以为然，没有引起足够的重视。他们说:"搞那些客套的形式有什么用？""都是些生活小事，不值得三番五次地宣传。"这种认识是错误的。失礼、不讲礼貌的问题绝不是小事，虽然比起一些违法乱纪的事，它不算大，但从这种"小事"里，往往可以窥见一个人的内心世界，衡量出他的品德的高低和文化修养的深浅。通常，不讲礼貌的人除了自小缺少熏陶培养的原因外，往往在思想意识上就存在着毛病，或者自私、狭隘，或者骄傲自大。与此相对，讲礼貌的人在生活与学习中常常关心集体和尊重他人。出于这种关心和尊重，讲礼貌的人不论对方是强者或弱者、领导或群众、好朋友或陌生人、有求于人或无求于人、在公共场合或无人监督的环境下都是一样的。

在社交场合，人们不仅要注意自己的举止风度，而且应该从理想、情操、思想学识和素质上努力完善自己、培养自己，使外在举止风度美的绚丽之花开在内在精神美的沃土之上。"桃李不言，下自成蹊。"举手投足间尽显迷人风采的人必然会以其优美的举止言谈、高尚的品德情操，赢得更多人的喜爱，从而拥有更为丰富的人脉资源。因此，对于想要积累人脉的人来说，举手投足之间的魅力就已经决定了你的人脉成果。

⚠ 站立如松，行动如风

站姿和走姿都是个人形象中很重要的方面。站姿是工作和日常交际中最引人注目的姿势，它是仪态美的起点，又是发展不同动态美的基础；而潇洒优美的走姿是人动态美中最具魅力的行为，也能衬托出人的气质和风度。

站立的基本要求是挺直舒展、线条优美、精神焕发。其具体要求如下：

（1）头要正，头顶要平，双目平视，微收下颌，面带微笑，动作平和自然。

（2）脖颈挺拔，双肩舒展，保持水平并稍微下沉。

（3）两臂自然下垂，手指自然弯曲。

（4）身躯直立，身体重心在两脚之间。

（5）挺胸、收腹、立腰，臀部肌肉收紧，重心有向上升的感觉。

（6）双腿直立。女士双膝和双脚要靠紧，男士两脚间可稍分开点距离，但不宜超过肩宽。

女士工作中的站姿——双脚可调整成"V"字形或"T"字形，右手搭在左手上，贴在腹部。

男士工作中的站姿——双脚平行，也可调成"V"字形，双手下垂于身体两侧，也可将手放于背后，贴在臀部。

需要强调的是，在工作中站姿一定要合乎规范，特别是在隆重的场合下，站立一定要严格按照要求做。站累时，单腿可以后撤半脚的长度，身体重心可前后移动，但双腿必须保持直立。

什么样的走姿才会让人觉得优美呢？一般来说，走路的姿态美不美是由3个方面决定的，即步幅、步位和步韵。如果步位和步幅不合标准，那么全身摆动的姿态就失去协调的韵味，也就无所谓步韵效果了。

所谓步幅，是指行走时两脚间的距离。步幅标准应是由个人的身高、当时着装的限制、所穿的鞋子及男女性别所决定的。男性当然是大步流星，步幅在30厘米以上；女子若穿旗袍、高跟鞋或穿裙子，则应小步快走，轻盈而频率快，若是着裤装可走得步幅稍大，平稳而潇洒。

所谓步位，就是脚落地时应放置的位置。男子走路的步位应是脚既不外撇也不内向，平行直行向前，走出的是两条平行线，显得阳刚有力，朝气十足。女性应避免"X"或"O"形腿，两腿从大腿到小腿向内夹紧，腿部肌肉绷紧，脚后跟踩在一条直线上，脚尖微微朝外，步伐显得修长而挺拔。

所谓步韵，就是走路时特有的韵味，即风度。有些人走路轻松自然，富有节律感，不僵硬、不做作、不难看，让人觉得如行云流水般舒畅自如。有些人走路的姿势就不好看，步履沉重，拖沓而有下坠感，东摇西晃，这些不良走姿都会使个人形象大打折扣。

那么，怎样才能走出美感呢？下面就介绍一下走路时应注意的事项：

（1）走路时，抬头挺胸，步履轻盈，目光前视，步幅和步位合乎标准。

（2）行走时，双手在两侧自然摆动，身体随节律而自然摆动，切忌摇头扭腰。

（3）走路时膝盖和脚踝轻松自如，配合协调，以免显得浑身僵硬，同时忌走外八字或内八字。

（4）行走时不低头后仰或扭动肩部、胯部，或两手乱甩。

（5）多人一起行走时，应避免排成横队、勾肩搭背、边走边说、推来搡去。若是有急事要超过前面的人，应打招呼，超过后回头致谢。

（6）步幅和步位配合协调，甚至与呼吸形成规律。穿礼服、长裙、筒裙则步伐典雅温婉，轻盈有致；穿休闲、运动裤装，则步伐迅捷活泼，弹性而富朝气。

（7）男性不在行走时抽香烟，不在行走时乱扔烟蒂；女性不在行走时吃东西。养成行走时注意自己风度、形象的习惯。

（8）女性在行走时，还应特别注意腿部线条的流畅和紧张感，没有收紧肌肉和稍具紧张感的双腿，走出来的步子一定是沉重、下坠、拖沓的。收腹、夹臀、提气的女性步态，是轻快而富有节奏的。

（9）女性在行走时，还应养成两腿挺直向内夹紧的习惯，以避免损坏女性腿部的整体线条。

优雅大方的站姿和走姿是一个人礼仪修养的重要表现，也是一个人气质的重要呈现，我们绝不能忽视这方面的小细节。

◢ 坐姿从容淡定，卧姿优雅大方

坐姿不好，卧姿不够优雅，都直接影响到一个人的形象。对于女人来说，这一点尤为重要，因为它决定着你的形象是高贵优雅还是缺乏教养。

先来说说坐姿。

坐姿是以臀部作为支点，借此减轻脚部对人体的支撑力。坐姿能使人们较长时间地工作，也是人们日常生活、社交中常用的姿势之一。因此，端庄、优雅、舒适的坐姿很重要，而且良好的坐姿对保持健美的体形也大有益处。

那么，什么样的坐姿可使女性显得稳重、端庄、落落大方呢？

（1）面带笑容，双目平视，嘴唇微闭，微收下颌。

（2）立腰，挺胸，上身自然挺直。

（3）双肩平正放松、两臂自然弯曲放在膝上，亦可放在椅子或沙发扶手上，掌心向下。

（4）双膝自然并拢，双腿正放或侧放，双脚并拢或交叠。

（5）谈话时可以有所侧重，此时上体与腿同时转向一侧。

正确的坐姿关键在于腰。不论怎么坐，腰部始终应该挺直，放松上身，保持端正的姿势。

在社交场合中，坐姿要与场合、环境相适应。坐姿有以下几种：

1. 自然坐姿

平时坐在椅子上，身体可以轻轻贴靠于椅背，背部自然伸直，腹部自然收紧，两脚并拢，两膝相靠，大腿和臀部用力产生紧张感。与客人谈话时不妨坐得深一些，然后背部保持直立，膝盖并拢，这会使你显得优雅而又从容。

很多人坐下来的时候喜欢将脚架起来，在社交场合，这一般被认为是不礼貌的坐法。如果是积习难改，那一定要注意架腿方式：收拢裙口，遮掩到膝盖以下部位；支撑的脚不要倾斜，双腿内侧靠近，大腿外侧收紧；双手自然搭在腿上。这样显得美观，能产生自然的美腿效应。

2. 正式坐姿

膝盖与脚跟都并拢，背脊伸直，头部摆正，视线向着对方。这种坐姿可用于面谈之类的正式场合，可给予对方诚恳的印象。但也不要双膝并得太紧，一动不动，这会让人产生一种紧张感、不安全感。

3. 坐沙发的坐姿

一般沙发椅较宽大，不要坐得太靠里，可以将左腿跷在右腿上，两小腿相靠，显得高贵大方。但不宜跷得过高，女性不能露出衬裙，否则有损美观与风度。也可双腿并拢，双膝紧靠，然后将膝盖偏向与你谈话的人。偏的角度视沙发高低而定，但以大腿和上半身构成直角为原则，以表现女性轻盈、秀气的阴柔之美。

微习惯：成就卓越自我管理的法则

在交际中卧姿用得很少，而且一般都是在一些休闲或非正式场所，如中午在办公室休息、卧病在家养身体、海滨浴场的沙滩上、郊游时的公园草坪。

卧姿有多种，常见的有仰卧、侧卧、俯卧等。

优雅而讲究礼仪的卧姿应因时间、地点、对象而定。若是躺在野外的草地上与挚友交谈，或趴在自己家中的沙发里与家人共享天伦之乐，什么样的卧姿都可以，这是人生的一种乐趣和放松。但此时有人造访，或走到你身边汇报问题，你应马上起身打招呼，与来人共同坐下攀谈。若是在办公室午休，有女性进来，则应立即起身，收拾好沙发上的物品，请女士坐下与之交谈；不要大大咧咧地半躺着与女士说话，以免显得不懂礼貌和没有教养。

一般情况下，卧姿在公共场合和社交场合都是应该避免的。仰躺姿势是非常丢人的，即便是健康状况不佳也应与人打个招呼为好，身体姿态呈收敛状。

体态语言的表情达意尽管不如有声语言那么具体明确而完善，而且大多是配合口语表达起辅助作用，但它在表现一个人的情态、意向、性格和气质等方面却有着有声语言不可代替的独特的真实性和可靠性。

因为人的体态语言都是心理活动和内在气质的真实表露，有许多是习惯性、下意识的，因此，体态语言在提升个人形象方面的功能是不可忽视的。

◭ 从掌心开始你们的交流——握手

艾丽是个热情而敏感的女士，目前在中国某著名房地产公司任副总裁。那一日，她接待了来访的建筑材料公司主管销售的韦经理。韦经理被秘书领进了艾丽的办公室，秘书对艾丽说："艾总，这是 × × 公司的韦经理。"

艾丽离开办公桌，面带笑容，走向韦经理。韦经理先伸出手来，让艾丽握了握。艾丽客气地对他说："很高兴你来为我们公司介绍这些产品。这样吧，让我看一看这些材料，我再和你联系。"韦经理在几分钟后就被艾丽送出了办公室。几天内，韦经理多次打电话，但得到的均是秘书相同的回答："艾总不在。"

到底是什么让艾丽这么反感一个只说了两句话的人呢？艾丽在一次讨论形象的课上提到这件事，余气未消："首次见面，他留给我的印象不但是不懂基本的商业礼仪，而且没有绅士风度。他是一个男人，位置又低于我，怎么能像王子一样伸出手让我来握呢？他伸给我的手不但看起来毫无生机，握起来更像一条死鱼，冰冷、松软、毫无热情。当我握他的手时，他的手掌也没有任何反应。握手的这几秒钟，他就留给我一个极坏的印象，他的心可能和他的手一样冰冷。他的手没有让我感到对我的尊重，他对我们的会面也并不重视。作为一个公司的销售经理，居然不懂得基本的握手礼仪，他显然不是那种经过严格职业训练的人。而公司能够雇用这样素质的人做销售经理，可见公司管理人员的基本素质和层次也不高。这种素质低下的人组成的管理阶层，怎么会严格遵守商业道德，提供优质、价格合理的建筑材料？我们这样大的房地产公司，怎么能够与这样作坊式的小公司合作？怎么会让他们为我们提供建材呢？"

握手是最常见的一种见面礼、告别礼，人们初次见面、久别重逢、告辞或送行均以握手表示自己的善意。有时候，当我们向某人表示祝贺、感谢或慰问，或者双方交谈中出现了令人满意的共同点，又或者双方原先的矛盾出现了某种良好的转机或彻底和解，也会以握手表达自己的情绪状态。

握手只有几秒钟的时间，但这短短的几秒钟是如此的关键，立刻决定了对方对你的喜欢程度。握手的方式、用力的大小、手掌的湿度等，无声地向对方描述了你的性格、可信程度、心理状态。握手的方式向对方传递了你的态度是热情还是冷淡、积极还是消极，是尊重他、诚恳相待，还是居高临下、敷衍了事。

一个积极的、有力度的正确的握手，表达了你友好的态度和可信度，也表现了你对对方的重视和尊重。一个无力的、漫不经心的、错误的握手，立刻传送出不利于你的信息，让你无法用语言来弥补，会给对方留下对你非常不利的第一印象，有时也会像上面的那位销售经理那样失去极好的商业机会。因此，握手在商业社会里几乎意味着经济效益。

为了在这轻轻一握中传达出热情的问候、真诚的祝愿、殷切的期盼、由衷的感谢，我们对握手的分寸、握手的细节进行了解是十分必要的。

1. 握手的顺序

在一般情况下，主人、长辈、上司、女士主动伸出手，客人、晚辈、下属、男士再相迎握手。

长辈与晚辈之间，长辈伸手后，晚辈才能伸手相握；上下级之间，上级伸手后，下级才能接握；主人与客人之间，主人宜主动伸手；男女之间，女方伸出手后，男方才能伸手相握；如果男性年长，是女性的父辈年龄，在一般的社交场合中仍以女性先伸手为主，除非男性已是祖辈年龄，或女性未成年，在20岁以下，则男性的长者先伸手是适宜的。但无论什么人，如果他忽略了握手礼的先后次序而已经伸出了手，对方都应不迟疑地回握。

2. 握手的方法

握手时，距离受礼者约一步，上身稍向前倾，两足立正，伸出右手，四指并拢，拇指张开，与受礼者握手。

这个动作一般来说，掌心向下握住对方的手，显示着一个人强烈的支配欲，这个动作无声地告诉对方，他此时处于高人一等的地位。因而，我们应尽量避免这种傲慢无礼的握手方式。相反，掌心向里同他人握手的方式显示出谦卑与毕恭毕敬，如果伸出双手去捧接，则更是谦恭备至了。平等而自然的握手姿态是两手的手掌都处于垂直状态，这是最普通也最稳妥的握手方式。

握手时应伸出右手，不能伸出左手与人相握。戴着手套握手是失礼行为，一般情况下，男士在握手前先脱下手套，摘下帽子，女士可以例外。当然，在严寒的室外有时可以不脱，比如双方都戴着手套、帽子，这时一般也应先说声："对不起。"握手者双目注视对方，微笑、问候、致意，不要看第三者或显得心不在焉。

如果你是左撇子，握手时也一定要用右手。如果你右手受伤了，那不妨声明一下。

在人际交往中，当介绍人完成介绍任务之后，被介绍的双方第一个动作就是相互握手致意。握手的时候，眼睛一定要注视对方的眼睛，传达出你的诚意和自信，千万不要一边握手一边东张西望，或者跟这个人握手还没完，就将目光移至下一个人身上，这样别人从你眼神里体味到的只能是轻视或慌乱。那么是不是注视的时间越长越好呢？并非如此，握手只需几秒钟即可，双方手一松开，目光即可转移。

握手的力度要掌握好，握得太轻了，对方会觉得你在敷衍他；太重了，人家不但没感受到你的热情，反而会觉得你是个老粗。女士尤其不要把手软绵绵地递过去，显得连握都懒得握的样子，既然要握手，就应大大方方地握。

如果要表示自己的真诚和热烈，也可较长时间握手，并上下摇晃几下。在一般交往中，不要用双手抓住对方的手上下摇动，那样显得太恭谦，使自己的地位无形中降低了。

被介绍之后，最好不要立即主动伸手。年轻者、职务低者被介绍给年长者、职务高者时，应根据年长者、职务高者的反应行事，即当年长者、职务高者用点头致意代替握手时，年轻者、职务低者也应随之点头致意。和女性握手，一般男士不要先伸手。

多人相见时，注意不要交叉握手，也就是当两人握手时，第三者不要把胳膊从上面架过去，急着和另外的人握手。

在任何情况下，拒绝对方主动要求握手的举动都是无礼的，但手上有水或不干净时应谢绝握手，同时必须解释清楚并致歉。

握手是很有学问的。美国著名盲聋作家海伦·凯勒写道："我接触的手，虽然无言，却极有表现力。有的人握手能拒人千里之外，我握着他们冷冰冰的指尖，就像和凛冽的北风握手一样。也有些人的手充满阳光，他们握住你的手，使你感到温暖。"这从侧面证明恰到好处的握手可以向对方表现自己的真诚与自信，也是吸引人脉和赢得信任的契机。

⚠ 交换名片是继续联系的纽带

名片在人际交往中可用以证明身份、联络老朋友、结交新朋友。名片使用越来越普及，它不仅是自己身份的介绍，更是自己的脸面、形象，因此，名片一般要随身携带，就像你的身份证。比如说，出席重大的社交活动，一定要记得带名片。如果总是和人家说"不好意思，我的名片刚用完"，这是很牵强的理由，没有名片可以说是交流第一步就失败了。对方会认为你不重视他或者是你的职业、身份不值得拥有自己的名片。发送名片可以在刚见面或告别时，但如果自己即将发表意见，要在说话之前发名片给周围的人，这样可以帮助他们认识你。

1. 递接名片

递接名片是不可忽视的环节，短短的一个过程可以透露出你这个人的素养，对方会以这个为标准判断你值不值得交。当取出名片准备送给对方时，要双手轻托名片至齐胸的高度并将正面朝向对方，以方便对方接收时阅读。如果人多而自己左手正拿着一叠名片，也应该用右手轻托，左手给以辅助，一张张地发给每个人，不要像发扑克牌一样随便乱丢。在递给对方名片时，要注意对方的地位、身份以及双方的关系。

一般说来，名片有 3 种递法：

（1）手指并拢，将名片放在手掌上，用大拇指夹住名片的左端，恭敬地送到对方胸前。名片上的名字反向自己，使对方接到名片就可正读，不必翻转过来。

（2）食指弯曲与大拇指分别夹住名片递上。

（3）双手的食指和拇指分别夹住名片的左右端奉上。

以上 3 种递法都避免了"尖锐的指尖"指着对方的禁忌，其中尤以第三种为最恭敬。

当你接受他人名片时也要注意自己的形象。接名片时，应起身或欠身，面带微笑，恭敬地用双手的拇指和食指捏住名片的下方两角，并轻声说"谢谢"或"能得到您的名片十分荣幸"，如对方地位较高或有一定知名度，则可道一句"久仰大名"之类的赞美之词。

接过他人的名片一定要先仔细看一下，名片看过之后（边看边读出声音来，效果也不错），然后精心放入自己的名片夹或上衣口袋里，也可以看后先放在桌子上，但不要随手乱丢或在上面压上杯子、文件夹等东西，那都是很失礼的表现。

另外，如果对方名字比较复杂或有不能确认的发音，最好能礼貌地向对方请教。无论如何总比下次见面时读错字让对方板着脸强很多。在这里要特别提醒的是，你一定要重复一遍名片上的"名字+职务"。一定要把后边的职务读出来，如"张总经理"，不要只读名字。

2. 交换名片

交换名片是人们之间建立人际关系的关键步骤。交换名片也蕴藏着大学问。

首先，名片交换的次序安排。一般情况下，双方交换名片时是地位低的人先向地位高的人递名片，男性先向女性递名片。当然，相互不了解时就没有先后之分了。在商场中，女性也可主动向男性递名片。

当交往对象不止一人时，应先将名片递给职务较高或年龄较大的人，如分不清职务高低和年龄大小时，则可依照座次递名片，应给对方在场的人每人一张，不要让他人认为你势利眼，如果自己这一方人较多，则让地位高者先向对方递送名片。另外，千万不要用名片盒发名片，这样会让人们认为你不注重自己的内在价值，以为你的名片发不出去。

其次，交换名片时态度也需要热情、诚恳，从而表示你是真心地想与对方交朋友。残缺褶皱的名片不能使用，因为那样既不尊重对方也不尊重自己，同时名片还不宜涂改。

▲ 日常沟通礼仪规范

日常社交礼仪规范与日常工作的行为规范在许多方面是互相融合、互相统一的。这是人类社会活动、人与人相互关系文明化的体现，也是人性完善和发展的重要体现。

日常沟通礼仪体现在日常工作和社会活动的方方面面。

1. 称呼礼仪

每个人在社会交往中都希望在社会地位、人格、才能等方面受到他人的尊重。这种渴求尊重的心理，又常集中表现在对称呼的重视上。因此，在日常社交活动中，我们要善于得体地使用谦称和敬称。

（1）谦称。谦称是抑己，以间接表示对他人的尊重，谦称自己，最常使用的是"我""我们"。目前尚流行一些古人的谦称词，如"敝人""在下""愚""晚生"等。

（2）敬称。通常所用的词，如"您""您老""您老人家""君"等，都表明说话人的谦恭和客气。

（3）职业称谓。在比较正式的场合，往往习惯于职业称谓，这带有尊重对方职业和劳动的意思，同时，也暗示了谈话与职业有关。如"师傅""大夫""医生""老师""律师""法官"等，同时在前面可以加上姓氏。有时，还可以用"博士先生""教授先生"等称呼。

（4）亲属性称谓。对非亲属的交际对方用亲属称谓来称呼，不仅可以表示尊敬，还能传达某种亲情。这种称谓法，常用于非正式交际场合。

2. 介绍礼仪

自我介绍时，可以介绍一下自己的姓名、身份、单位，如果对方表现出结识的热情和兴趣，可根据具体情况，适当介绍一下对方关心的问题：例如，自己的原籍、毕业学校以及学习情况、工作经历、兴趣特长等。不过，切忌信口开河、过分表现自己，应该在介绍完时表示"请多多指教"。另外，重要的是使对方记住自己的名字，因此要对自己姓名的字，尤其是冷僻字加以必要的解释。

下面列举了几种常见的介绍规则：

（1）将男士介绍给女士。通常先把男士介绍给女士，并引导男士到女士面前作介绍。介绍中，女士的名字应该先被提到，例如："王小姐，我给你介绍一下，这位是李经理。"

（2）将年轻者介绍给年长者。在同性别的两人中，年轻者先介绍给年长者，以示对前辈、长者的尊敬。

（3）将地位低者介绍给地位高者。遵从社会地位高者有了解对方的优先权的原则，除了在社交场合，其余任何场合，都是将社会地位低者介绍给社会地位高者。

（4）将未婚的介绍给已婚的。在两个妇女之间，通常先将未婚的介绍给已婚的。如果未婚的女子明显年长，则先将已婚的介绍给未婚的。

（5）将客人介绍给主人。

（6）将后到者介绍给先到者。

为他人做介绍时，手势动作要文雅，无论介绍哪一方，都应手心朝上，手背朝下，四指并拢，拇指张开，指向被介绍的一方，并向另一方点头微笑。必要时，可以说明被介绍的一方与自己的关系，以便新结识的朋友之间相互了解和信任。介绍人在介绍时要有先后顺序，语言要清晰明了，不含糊其词，以使双方记清对方姓名。在介绍某人优点时要恰到好处，不宜过分称颂而导致难堪的局面。

作为被介绍的双方，都应当表现出结识对方的热情。双方都要正面对着对方，介绍时除了女士和长者外，一般都应该站起来，但是若在会谈进行中，或在宴会等场合，就不必起身，只略微欠身致意就可以了。如方便的话，等介绍人介绍完毕后，被介绍人双方应握手致意，面带微笑并寒暄，如说"你好""见到你很高兴""认识你很荣幸""请多指教""请多关照"等。如需要还可互换名片。

3. 致意礼仪

见面时，向对方致意，表示尊重的礼仪有很多种。不同国家和民族、不同历史时期各有其特点和规范。现代见面时的致意礼仪，较通用的主要有：名片礼、握手礼、鞠躬礼、抱拳礼、合十礼、拥抱礼、吻礼等。

了解生活中的沟通礼仪，才能避免出错，给他人留下一个良好的印象，愿意与你来往。

◮ 得体地问候为你赚分

人际关系的融洽离不开一定的情感因素，而一定的情感表达常常通过一定的问候予以传递。问候的形式有日常的一般问候与特殊问候两种。

1. 日常问候

日常问候是亲朋之间、同事之间、师生之间等互致的问候。有按时间问候，比如出门上班、上学，见面相互问个好，如"早安""早上好"，下班、放学说声"再见"等。有按场合问候，比如上学离家时向父母家人打个招呼道别，如"爸爸妈妈，我走了"，回到家见到父母说声"爸爸妈妈，我回来了"。家里人也应回答:"早点回来!""回来了,歇一会儿吧!"同样,在社交和其他场合,熟人相遇、朋友相见,互致问候更是第一道礼仪程序,即使是一面之交,相遇也应打招呼。

如果子女见了父母、学生见了老师、下级见了上级,不打招呼,视若无人或一脸冰霜,那又会是什么情形?毫无表示或漫不经心,会被认为是傲慢无礼的表现。

2.特殊问候

特殊问候一般有节日问候、喜庆时的问候或道贺和不幸时的问候或安慰。人生在世,有各种各样的人际关系。在民间,每当亲朋家中有婚嫁、寿诞、丧葬以及其他重大事件时,人们往往都难以置身事外。特别是在中国,人们历来就十分重视这类活动中的人情。现代社会,经济高速发展,人们忙于各种各样的工作,很难同时集聚在一起,人们大多在逢年过节时向远方或不常见面的亲友问候,这是联络感情的最简便而又极有效的礼仪方式。婚嫁、祝寿、店铺开张、事业有成、乔迁新居等喜事,大家往往都要行动起来向其表示祝贺并致问候。对于丧葬、事业受挫、家庭变故、失恋、遭灾等不幸,要表示同情、安慰或协助操办相关事宜,并给予必要的帮助。

亲朋好友之间互致问候应注意约定俗成的惯例。第一,尊重老人和妇女,即在顺序上男士应先问候女士,晚辈应先问候长辈,年轻人应先问候老人,下级应先问候上级,年轻的姑娘、女士问候比自己年龄大得多的男性。第二,主动问候,这是尊重他人的表示，即使你比对方年长，主动问候也不仅不失自己的身份，还会增进感情。

问候的方式多种多样，可以口头问候，也可以书信问候；可以寄贺卡或明信片问候，也可以电话、电报问候；如果有条件的话，适当送些礼物表示问候则是成为人们联络感情、加强联系的较好方法之一。

⚠ 通过电话传递你的彬彬礼仪

打电话看似简单，人人能拨，人人会打，但千万别忽视了电话那一端的人对你的感受。具体到打出去的电话、接电话或拨错了电话号码、通话后挂机的先后等，都是很有学问的。注意一些打电话的礼节和打电话时的声音、用语是相当重要的，因为电话那一端的人能听出你的魅力。

你应把常用的电话号码记在电话簿上并放在电话机旁或能随手拿到的地方，这样可在你需要时及时找到它。

接通电话后，应首先确认一下是否是你要找的个人或单位，如果对方说不是，那就是电话打错了，你得马上向对方道歉："对不起，打错了。"然后把话筒放回，再重新拨号。

打电话找到要找的人，应尽量减少无关的客套话，而谈正事。如果你邀请某人赴宴，即应明确说出："××先生，这个星期日下午有空吗"，而不是"星期日晚上您干什么"。若用后

者提问，对方不明白你的意图，不好回答。如果对方提出的是
"星期六晚上您干什么"之类意图不明的问题，你可以既肯定
也不否定的回答，请对方先把意图亮明，如可以回答："星期六
晚上是有些安排，不过，您是不是有什么提议？"当对方明确
说出他的建议后，你便可以回答。如果一时不便作答，不必在
电话中沉吟、犹豫，可以说："让我考虑一下再给您回电话，好
吗？"如果对方在电话中啰唆闲聊，你又不愿听，可以礼貌地
提议："××先生，要是您还有好些话要说，我们是不是约个时
间再谈，我现在正忙！"

　　通话完毕，应友善地感谢对方："打搅您了，对不起。谢谢
您在百忙中接我的电话。"或者说："和您通话我感到很高兴。
谢谢您，再见！"然后，等对方挂机后再将电话轻轻放下，而
不能摔电话或重放电话。

　　总之，开头的"您好"和"请""劳驾""麻烦您"之类的
客气话是必不可少的，绝不能用命令式语气或不客气的语气，
如："喂，我找×××"或"你是×××吗"等。

　　在家里接到电话时，只需要说："你好。"在公司里时，就
要答："××公司。"懂得电话礼节的人会自报姓名（或连同身
份），同时说出要找的人来。如果你本人就是对方要找的人，只
要说一声"我就是"，就可以转入正题。

　　在正式的商务交往中，接电话时拿起话筒所讲的第一句话
也有一定的要求，常见的有 3 种形式：

（1）以问候语加上单位、部门的名称以及个人的姓名，这最为正式，例如，"您好！××公司财务部吴语。请讲。"

（2）以问候语加上单位、部门的名称，或是问候语加上部门名称，这适用于一般场合，例如，"您好！××公司人事部。请讲。""您好！人事部。请讲。"后一种形式，主要适用于由总机接转的电话。

（3）以问候语直接加上本人姓名，这仅适用于普通的人际交往，例如，"您好！金士吉。请讲。"

需要注意的是，在商务交往中，不允许接电话时以"喂，喂"或者"你找谁呀"作为"见面礼"。特别是不能一张嘴就毫不客气地查对方的"户口"，一个劲儿地问人家"你是谁"或"有什么事儿呀"。

电话铃一旦响起，应立即停止自己所做之事，尽快予以接答。接听电话是否及时，实质上反映了一个人待人接物的真实态度。

如有可能，在电话铃响以后，应亲自接听，轻易不要让别人代劳，尤其不要在家中让小孩子代接电话。不要铃响许久，甚至连打几次之后才去接电话。这不能说明你派头大，只能说明你妄自尊大。不过，铃声才响过一次就拿起电话也显得操之过急。有时，还会令对方没反应过来而大吃一惊，最好在铃声响过两声后再接听。

生意场上，电话是与顾客沟通交流的有效途径，接听电话需要讲究礼仪。有些职场人士在这方面相当欠缺，往往在接听电话时还没等对方说"再见"，就重重地挂上电话。不管你手头有多少工作需要尽快处理，也不可粗鲁地挂断电话，这会让对方感到你不懂礼貌，素质太低，对你产生坏印象，弄不好还会影响你与对方的沟通与交流，影响生意。

打错电话的情况常有，谁都没有责任。如果怀疑打错，就说出自己要打的电话号码，不然会产生误会。

按照常规，电话交谈结束后一般都是由打电话的那一方先挂，因为他有事情找别人，那么事情说完自然是由他挂电话，这样才算是有始有终。

不过，假如对方是一位长者，就不能照搬常规了。不管是你打过去还是他打过来的，都应该在他挂了电话后你才轻轻放下手中的话筒，以表示你对长辈的尊重。其次，温和谦虚、合宜得当的尊敬语，是电话交谈中不可或缺的，它就像一把钥匙，能够帮助你开启对方的心扉。

在不恰当的时间打电话是很失礼的，尤其是打给年长的人，更应该注意时间。现代社会晚睡的人很多，但也有许多人由于工作关系，作息时间并不一致，不要以自己的作息时间来规范对方。初次认识交换名片或互留电话时可先询问对方方便接听电话的时间。若对对方的作息时间不了解，那么一般而言，早上9点之前与晚上9点以后打电话是较不恰当的。就算是打给熟识的亲友，也最好先询问对方是否方便接听。

懂得电话礼仪，别让细节破坏了自己的形象，是每个人应该注意的。

△ 电话礼仪应注意的五个事项

随着现代通信技术的发展，如果不懂得电话交谈的技巧，会直接影响人际关系的建立。而作为一名员工、领导，则更应该掌握电话交谈的技巧，从而有效地与人沟通，给自己树立良好的个人形象。

一般而言，电话交谈的技巧主要有以下几点：

1. 说出对方的名字

平时我们称呼别人时，常会在名字后面加上先生或小姐作为尊称。但对方如果是公司时，就常常省略而造成对方的不愉快。因此，无论对方是人或是公司，我们都应秉持尊敬的态度称呼。不嫌麻烦地把对方公司的全名都说出来，才不致让对方认为我们没有礼貌。

2. 不要让对方听到第三者的私语

处于传送信息状态的电话，我们称为通话；而当通话中传入了第三者的声音时，则称之为私语。例如："林小姐吗？请稍等，我帮你转给夏先生。""夏先生，林小姐的电话。"此时，夏先生如果大意，不管对方是否听得到自己的嗓门，就说："伤脑筋，你跟他说我不在。"这种话若被对方听到了，对方一定会很生气。

3. 音量适中

有活力的声音最美，与人通过电话交谈时更要保持活力和热情，否则你的声音会显得十分疲倦、颓丧和消极。

如果你打电话时声音变得愈来愈高，可以采用"铅笔法"：手握一支铅笔，举到距离你约 25 厘米的地方，然后对着它说话。如果感到你的声音在这个距离内显得过高，就把铅笔放在低于电话听筒或与茶几同高的位置，并提醒自己降低音调，运用共鸣。

4. 保持生动和关注

你是否想过你在电话中说的"喂"传递了什么样的信息？它很可能包含了你电话交谈中的全部基调，它能表现出你的情绪：可能是随意而松弛的，说明你正闲着；也可能是友好而活泼的，表面似乎是说"我很忙，不得不立刻挂掉电话"；也可能非常粗鲁无礼，预示着接下来是一场暴风骤雨。

要让这声"喂"真正传递出你所希望传递的意思。有些人说这个字时，显得十分傲慢、冷淡，甚至带有敌意，其实他们自己并不知道会这样。因此，我们在电话中要特别注意"喂"的声调和感情。

5. 以应答促成电话交谈成功

面对面交谈与电话交谈时，听者所注意的重点显然不同。以前者而言，纵然说话失礼，也可以用表情弥补。只要谈话气氛和谐，大致不会发生问题。

但电话交谈则不然，往往会由于一句无心的话而得罪对方或招致误解。无论以任何表情表示，也无法消除对方的不愉快，因为对方看不见你的表情。

工作正忙碌时却接到客户的电话，对方只是闲话家常，而且越谈越起劲。虽然你想马上结束谈话，但又担心得罪人，只好勉为其难地应付。随着你的心情焦急，语气从恭恭敬敬的"是"改成"嗯""哦"。

渐渐地，对方会察觉你的态度不恭，而对你感到不满，但其实对方根本不了解实情。碰到这种情形时，不妨主动说明事实，以委婉的语气结束交谈。

由于电话交谈纯粹是语言沟通，应避免敷衍了事。此外，若是沉默时间太久，必然引起对方误解，以为你没有专心听讲，所以须趁对方说话告一段落时，插上一句"不错"或"是啊"，促成谈话顺利进行。

通电话时看不见面部表情，因此须特别注意声音，因为声音也能反映表情。倘若感到不耐烦，对方照样能从声音中感应出来。

电话交谈应让对方感到受尊重最重要，所以要尽量避免一手握着电话听筒、一手按着计算机，或一边喝茶、抽烟一边接电话的情况。虽然电话交谈彼此都看不见，但基本的礼貌是不可忽视的。

◭ 魅力礼仪养成四法则

礼节是指与人交往中一些众所周知的基本行为动作。而礼仪的内涵相对来说要广泛一些，想打造魅力四射的形象，除了要掌握基本的礼节外，还应注意以下这些细节，从而成就自己的完美形象。

1.要有饱满的精神状态

愁眉苦脸、心事重重的样子在社交场合是不受欢迎的；萎靡不振、无精打采，别人会感到兴味索然，不愿与你交往。但若是精力充沛、神采奕奕，就能使人感到你富有活力，交往气氛自然就活跃了。

2.要有出色的仪表礼节

一般来说，风度和仪表比容貌更重要。

容貌出众的人，并不代表他的仪表也美；同样的，举止仪表优美的人，也并不一定容貌漂亮。有些人虽然容貌平凡，但由于他有优美的风度，反而更吸引人。衣冠不整或者不修边幅的人，常会令人生厌。仪表出众、礼节周到能为个人增添无穷的魅力。

3.要有诚恳的待人态度

端庄而不矜持冷漠，谦逊而不矫揉造作，就会使人感到你诚恳而坦率，交往兴趣也随之变浓。但如果你说话支支吾吾、躲躲闪闪，别人会感觉你缺乏诚意，从此疏远你。

4. 避免没有教养的行为

一个人若想在各种社交场合给人留下美好的印象，就一定要注意风度与仪态，要做到以下几点。

（1）不要耳语。在众目睽睽下与同伴耳语是很不礼貌的事。耳语可被视为不信任在场人士所采取的防范措施，要是你在社交场合老是耳语，不但会招惹别人的注视，而且会令人对你的教养表示怀疑。

（2）不要说长道短。饶舌的人肯定不是有风度教养的人。在社交场合说长道短、揭人隐私，必定会惹人反感。再者，这种场合的"听众"虽是陌生人居多，但所谓"坏事传千里"，只怕你不礼貌、不道德的形象从此传扬开去，别人自然对你"敬而远之"。

（3）不要闭口不言。面对初相识的陌生人，也可以由交谈几句无关紧要的话开始，待引起对方及自己谈话的兴趣时，便可自然地谈笑风生。若老坐着闭口不语，一脸肃穆的表情，便跟欢愉的宴会气氛格格不入了。

（4）不要失声大笑。不管你听到什么"惊天动地"的趣事，在社交场合中都要保持仪态，顶多一个灿烂的笑容即止，不然就要贻笑大方了。

（5）不要滔滔不绝。在社交场合中，若有人与你攀谈，落落大方的态度是最好的，简单回答几句即可。切忌忙不迭地向人"报告"自己的身世，或向对方详加打探，那样会把人家吓跑，认为你"居心不良"或"太八卦"了。

（6）不要扭捏作态。在社交场合，假如发觉有人常常注视你，你也要表现得从容镇静。若对方是从前跟你有过一面之缘的人，你可以自然地跟他打个招呼，但不可过分热情或过分冷淡，免得影响风度；若对方跟你素未谋面，你也不要太过于扭捏作态，又或怒视对方，有技巧地离开他的视线范围即可。

（7）不要大煞风景。参加社交活动，别人都期望见到一张张笑脸，因此纵然你内心有什么悲伤或情绪低落，表面上无论如何都应表现出笑容可掬的亲切态度。

你的一切言行举止都在反映你的修养与素质，所以，当你在公众场合时，一定要注意自己的言行举止，让他人被你的魅力所折服而尊重你。

▲ 身送七步，不可忘记的商务礼仪

俗话说："出迎三步，身送七步。"在应酬接待中，许多人对客户的迎接礼仪往往热烈隆重，却常常忽视了对客户的欢送礼仪，这样会给人以"人走茶凉"的悲凉感，无形中引起别人的反感，为自己的成功增加了阻力。

在应酬中，许多人都深知"身送七步"的重要性，也格外注意送人的礼节，中国商业的巨人李嘉诚就是其中一个绝佳的典范。

一位内地企业家在接受电视采访时谈到了他去李嘉诚办公

室拜访李嘉诚的经历。那天，李嘉诚和儿子一起接见了他。会谈结束之后，李嘉诚起身从办公室陪他出来，送他到电梯口。更让人惊叹的是，李嘉诚不是送到即走，而是一直等到电梯上来，他进了电梯，再举手告别，一直等到电梯门合上。身为亚洲首富的李嘉诚可谓日理万机，可他依旧注重礼节，严格遵循"身送七步"的礼仪，亲自送客，没有一丝一毫的怠慢之举。这位内地企业家面对着电视机前的亿万观众动情地说："李嘉诚这么大年纪了，对我们晚辈如此尊重，他不成功都难。"

"身送七步"，商业巨人李嘉诚都不忘的待客礼仪，我们更要铭记在心。以实际行动给客户贴心之感，才能拉近和客户的心理距离，促成、促进合作。

作为需要经常应酬的商务人士，不仅要认识到迎接客人的重要性，更要明白送客礼仪的重要性。不要做到了"迎人三步"，却忘记了"身送七步"，那样会给客户留下"虎头蛇尾"的印象，甚至造成前功尽弃、功亏一篑的结局。

因此，送客时应注意以下几点：

1.让客人先起身

当客人提出告辞时，要等客人起身后再站起来相送，切忌没等客人起身，自己先于客人起立相送。更不能嘴里说再见，而手中却还忙着自己的事，甚至连眼神也没有转到客人身上。

2.送客也不失热忱

当客人起身告辞时，应马上站起来，主动为客人取下衣帽，帮他穿戴上。与客人握手告别，同时选择最合适的言辞送别，如"希望下次再来"等礼貌用语。每次见面结束，都要热情地恭送对方回去，尤其对初次来访的客人更要热情、周到、细致。

3.代客提重物

当客人带有较多或较重的物品，送客时应帮客户代提重物。与客人在门口、电梯口或汽车旁告别时，要与客人握手，目送客人上车或离开。要以恭敬真诚的态度笑容可掬地送客，不要急于返回，应挥手致意，待客人走出视线后，才可结束告别仪式。否则，当客人走完一段再回头致意时，发现主人已经不在，心里会很不是滋味。

4.晚一步关门

许多时候，商务人士将客人送出门外，不等客人走远，就"砰"的一声将门关上，往往给客人类似"闭门羹"的恶劣感觉，并且很有可能因此而"砰"掉客人来访期间培养起来的所有情感。因此，商务人士在送客返身进屋后，应将房门轻轻虚掩，不要使其发出声响，最好是等客人远离后再轻声关上门。

心理学上不但有首因效应，也有"末因效应"——"最初的"和"最后的"信息，都能给人们留下深刻印象，"最初的"印象尚可弥补，而"最后的"信息往往无法改变，所以"送往"的意义大于"迎来"。做到"出迎三步"，你的应酬级别只能属于初步及格水准，做到"身送七步"，你才能迈入人脉场上优秀者的行列。

⚠ 别让小细节毁了你的形象

试想这样的场景，你面前的人鼻毛、体毛像野草一样茂盛，身体总是散发异味，或者开口讲话时，你以为他已经几天没刷过牙了，等等，你会有怎样的反应？其实，你只要进行一下换位思考，结果便显而易见，你不喜欢看见别人这样，那么别人当然也不喜欢看见你这样的形象。

牙齿是口腔的门面，牙齿的清洁是仪表、仪容美的重要部分，而不洁的牙齿被人认为是交际中的障碍。保持牙齿清洁，首先要坚持每天早晚刷牙，消除口腔细菌、饭渣。刷牙时不要敷衍，应该顺着牙缝的方向上下刷，牙齿的各部位都应刷到。如果牙齿上有不易去除的牙垢，或是牙齿发黄，可以去医院或专业洗牙机构洗牙，以使牙齿看起来更加洁白、健康。此外，不吸烟、不喝浓茶是防牙齿变黄的有效方法。

口腔有异味是很失礼的事。平常最好不吃生葱、生蒜等带刺激性气味的食物。每日早晨空腹饮一杯淡盐水，平时多以淡盐水漱口，能有效地控制口腔异味。必要时，嚼口香糖可减少异味，但在他人面前嚼口香糖是不礼貌的，特别是在与人交谈时，更不应嚼口香糖。

我们身体的各个部位都可能向外散发出一些异味，其中又以腋下、足部、阴部等部位的味道最为浓烈。以腋下为例，即便不是狐臭，在夏天或者运动后，腋下的大汗腺大量分泌，分泌物被细菌分解后就产生不饱和脂肪酸，异味就产生了。此外，人的性别、年龄、种族、饮食习惯，甚至情绪等，都有可能影响到自身的"体味"。正常情况下，这种体味很微弱，无伤大雅，但如果你身体上的异味非常强烈，就会为你的形象减分很多。

有以下几种方法可以消除身上的异味：

1. 腋下异味

如果你天生就有狐臭，但是味道不浓烈，或者仅仅是因为容易出汗而导致腋下有异味的话，可以经常换洗衣服，剔除过多腋毛，保持腋下的清爽。饮食上注意少吃或者不吃辛辣类的食物。因为这类食物容易发汗，而且刺激性味道也能通过汗液排出。同样，能发汗的咖啡、茶等饮品也要少喝，它们含有的咖啡因也能促进排汗。另外，一些止汗喷雾也对消除异味有一定的作用。

但是，如果你的狐臭很浓烈，可以考虑手术祛除腋下大汗腺。不过这需要承担一定的风险，如果腋下异味没有严重影响你的正常社交生活，建议你以清洁为主。

2. 足部异味

足部异味也与汗腺分泌有关，脚气、脚癣等疾病也会导致异味。如果你的汗腺发达，经常承受脚臭之苦，就要在细节上多下功夫。选择纯棉材质的袜子，不要选择化纤等材质的，因为它们不透气，更容易诱发出汗。鞋子的选择也是一样，以透气为主。经常保持脚部干爽，勤换鞋袜等也是消除脚部异味的基本方法。

3. 私密处异味

一般来说，女性的私密处更易产生异味。因为女性的私密处是尿道、阴道和肛门的聚合地，更易滋生病菌。而且阴道分泌物多，会使得局部湿度偏高，容易产生异味。

私密处异味有可能是疾病原因，这些情况要找专业医生咨询。女性平常也要注意保持私密处的清洁，每天用温水清洁外阴。不要穿过紧的内裤，经期更要每日更换内裤，并用开水烫煮消毒。

另外一个可能产生异味的地方是——肚脐眼。这个部位经常被人们忽略，其实肚脐与身体内部相连，里面很容易堆积污物，把它清洗干净十分必要。不过，因为肚脐周围的肌肤比较细嫩，所以清洗时动作要轻柔。沐浴后，用干净的干毛巾把肚脐内残留的水分蘸干，就能避免肚脐发出难闻的异味了。

在平时多多注意这些小地方，这样你的形象才更健康、更受人喜爱。

第九章

生活微习惯:

让生活更有仪式感和节奏感的日常小窍门

⚠ 大多数疾病和生活方式有关

罗健是一家外企的高级经理，他的一天通常是这样度过的：早上起床时已经8点多了，匆匆忙忙洗漱完毕，吃完早餐（冰箱里的面包和牛奶，时间来不及就算了），拎着包冲出家门，开车半个多小时到公司；9点准时坐在办公桌前看文件，处理邮件，上午的时间很快就过去了；中餐是一顿工作餐或者宴请客户。下午又在办公桌前继续上午未完的工作，一坐几个小时。晚餐大多数时候是一些应酬，到家时往往已过夜里零点了。

许多上班族都和罗健一样，每天置身于工作的压力和忙碌之中。他们的工作性质和工作节奏决定了他们的生活方式，而且他们也习惯于这样，谁也没注意到一种不可忽视的危险正悄悄走近，那就是生活方式病。

"生活方式病"很可怕，因为它已经融入现代生活的方方面面。开私家车上下班，坐电脑前完成一天的工作，餐桌上推杯换盏，在灯红酒绿的夜生活里度过夜晚时光……这曾是许多人追求的幸福生活，如今我们享受到了，"生活方式病"也开始缠身了。现代人所患疾病中有45%与生活方式有关，而死亡的因素中有60%与生活方式有关。

不健康的生活方式直接或间接与多种慢性非传染性疾病有关，如高血压、冠心病、肥胖、糖尿病、恶性肿瘤等。原来以老年患者为主的高血压、冠心病、肥胖、糖尿病、恶性肿瘤等慢性疾病，现在已经有"年轻化"的趋势。医学专家已经向北京人发出了警告：1/3 北京人都患有生活方式疾病，它正以快速蔓延的方式侵袭着每一个人……

中国国家疾病预防和控制中心副主任、健康教育和健康管理专家侯培森说："其实，对于生活方式病，真正的危害不是来自疾病本身，而是来自日常生活中对危害健康的因素认识不足，不懂得生活方式与疾病的关系，脑子里还没有'健康生活方式'的概念。这才是今后生活方式病对人类真正的威胁所在。"

那么，究竟哪些生活方式是不好的？

1. 不规律的生活

繁忙的工作以及社交应酬，使得上班族们很难有固定的回家时间。并且，对现在的许多人而言，下班就回家像是一种无能的表现，所以他们中的许多人更愿意在酒吧或是歌厅里度过夜晚的时光。既然晚归是常事，保障充足的睡眠就不太可能了。人体是一架极精密的机器，按生物钟有规律地运行。人为地违反生物钟，无疑使自己向不健康方向迈了一大步。

2. 缺乏锻炼，极少运动

长时间坐在办公室里忙碌，很少有时间运动，现代人的体质越来越差，很容易导致骨质疏松和其他疾病。另外，紧张的脑力劳动还可以使神经体液调节失常，导致脂类代谢紊乱、血胆固醇升高。

3. 吸烟

烟是许多男士忠实的伙伴，他们在烟雾里思考，在烟雾里休息和放松，在烟雾里驱赶疲劳。虽然无数媒介都宣传吸烟有害，但我国的烟民还是不断增加。大量临床案例表明，吸烟与肺、口腔、咽、食道等癌症有关，对人对己无半点儿好处。

4. 酗酒

无酒不成宴，尤其是在应酬场合，仿佛喝酒的多少代表着你的诚意，有时甚至意味着你能签下多少单。在愿意与不愿意之间，一杯杯的酒悄悄侵害着人的身体。

5. 不健康的饮食习惯

三餐不定、暴饮暴食、喜爱垃圾食品等都是不健康的饮食习惯，至于均衡的营养，就更谈不上了。吃得不好又怎么能健康呢？

所以，我们一定要有健康的生活方式。什么是健康的生活方式？其实很简单，就是放慢生活节奏，从日常生活点滴做起，从改变熬夜、吸烟、酗酒等不良的生活习惯做起，从合理安排膳食做起。专家说"一个人20年前的生活方式决定20年后的身体状况"。这告诉我们，生活方式疾病的形成是一个漫长的过程。我们只有自觉把生活方式纳入科学健康的轨道上来，才可能降低疾病的发病率，提高生活的品质，使生活更美好。

⚠ 养成运动的好习惯

被西方尊为"医学之父"的希波克拉底曾经说了一句话，这句话流传了两千四百年。他是这样说的："阳光、空气、水和运动，这是生命和健康的源泉。"可见，人的生命和健康离不开阳光、水和运动，这说明运动和阳光同样重要。

询问任何一个保健医生，他们都会谆谆教导你：运动是健康的必要条件。运动是健康人生的重要内容。也只有运动，才能使人体的各种功能得到充分发挥。持之以恒运动的最大好处就是让身体更加健康。合理的运动能使身体更加健美，并让这种良好状态保持下去，从而提高我们的自尊和身体满意度。而且在运动中能让人从中得到快乐。在锻炼过程中，手脚互动，伸展肢体，而内心的抑郁就会随之消失。

体育锻炼贵在坚持，重在适度，我们在进行体育锻炼时应当找到适合自己锻炼的最佳心率。当你进行体育锻炼的时候，心率应该保持在多少？答案是既不要太快，也不要太慢。太快有损健康，太慢则收效甚微，对强化心血管机能作用不大。可以通过数学算法求出你的最佳心率。首先用220减去你的年龄，其结果就是你能达到的最快心率，然后再用这一结果乘上50%，得出适合锻炼的最慢心率，或者乘上75%，得出适合锻炼的最快心率。当然，你应该听从这个老生常谈的告诫，即在开始锻炼之前先去咨询医生。

下面我们为你提供一个测算自己运动时最佳心率的一个简单的方法：

220-35（你的年龄）=185（你能达到的最快心率）

185×50% =93（适合锻炼的最慢心率）

185×75% =139（适合锻炼的最快心率）

专家建议锻炼时的最佳心率应保持在你能达到的最快心率的 60% 至 75% 之间，并且坚持每周锻炼 3 次，每次 20 分钟。另外，我们在进行体育锻炼时还要注意做好运动前的热身准备，以免在运动中损伤自己的身体。

无论你从事什么样的体育锻炼，专家都会建议你在锻炼之前先做热身准备，锻炼之后进行放松活动，要充分舒展身体，以增强身体的灵活性。许多人忽视了这些建议，认为这些并不重要，这是一种错误观念。热身、放松与伸展身体可以防止受伤、改善循环、增强能力。我们在运动之前应该做 5 ~ 10 分钟练习（例如在慢跑前后先走上一段路），以此作为热身或者放松活动。在放松之后再做一些伸展活动。

另外，锻炼项目可因人而异，关键是找到一种你自己喜欢的，适合你年龄的运动，健身操、瑜伽、太极拳、气功、健身跑、散步、登高运动、球类或足健疗法等，不必做硬性规定，但需注意的是运动量掌握要适度。一般以锻炼完毕，冬天自觉感到全身暖和；夏天微微出汗但不觉得心跳过快为度。

运动之后，洗个热水澡或是擦个冷水浴，再来杯新鲜的柠檬汁或是葡萄汁，你会觉得浑身上下爽洁舒适而充满活力。想想看，在这种情形下开始一天的新生活，该是多么的美妙啊！

⚠ 只吃健康的食物

建立科学的生活方式首先是吃的问题，病从口入的道理人人皆知。一个人饮食不合理、营养不科学，免疫力必然下降，就会百病缠身。一个人要想健康长寿，就必须吃得科学、吃得健康。

中国自古以来就有"医食同源，药食同根，寓医于食"的说法。《黄帝内经》里提出"五谷为养，五果为助，五畜为益，五菜为充"；清朝黄宫绣指出："食物入口，等于药之治病同为一理。合则于脏腑有益，而可却病卫生；不合则于脏腑有损，而即增促死。"其实说的就是合理饮食、平衡营养对人的重要性。

人体需要七大类营养物质，即水、脂肪、蛋白质、碳水化合物、维生素、矿物质及膳食纤维。人的生命历程其实就是营养代谢的过程，而大多数疾病也都是营养不平衡（包括营养不良和营养过剩）或营养物质代谢紊乱所致，正因为营养问题是人得病的根本原因，因此，只有科学地补充营养，调整代谢，才是预防疾病、保持身体健康的根本之道。我们要预防为主，防中有治，防治结合。有关专家测算花 1 元钱预防，就会节省 8.59 元的医药费和 100 元的抢救费。

食物是最好的医药，我们要保持自身健康，就要注意从合理安排自己的饮食开始，为自己制订一个正确的饮食计划。科学的饮食是保证营养均衡的前提。日常生活中，每天的膳食必须保证糖、蛋白质、脂类、矿物质、维生素等人体所必需的营养物质一样也不少。同时，还应当注意克服两种不良的膳食倾向：一是食物营养和热量过剩；二是为了某种目的而节食，以致食物中某些营养素和热量不足。具体说，一个健康的成年人每天需要 1500 卡路里的能量，工作量大者则需要 2000 卡路里的热量，不断补充营养是保持精力充沛的前提。

除此之外，还应注意以下几个方面：

1. 脂肪类食物不可多食，也不可不食

因为脂肪类是大脑活动所必需的，缺乏脂肪类会影响大脑的正常思维；但若食用过多，则会使人产生昏昏欲睡的感觉，而且长期累积就会形成多余脂肪。

2. 维生素作用巨大，不可缺乏

从事文字工作或经常操作电脑者容易眼肌疲劳、视力下降，维生素 A 对预防视力减弱有一定效果，可通过多吃鱼肉、猪肝、韭菜、鳗鱼等富含维生素 A 的食物来补充；经常在办公室工作的人，日晒机会少，容易缺乏维生素 D，需多吃海鱼、鸡肝等富含维生素 D 的食物；当人承受巨大的心理压力时，所消耗的维生素 C 将显著增加，而维生素 C 是人体不可或缺的营养物质，应尽可能多吃新鲜蔬菜、水果等富含维生素 C 的食物。

3. 补钙和安神

工作中为了避免上火、发怒、争吵等激动情绪，饮食中可以有意识地多吃牛奶、酸奶、奶酪等乳制品，以及鱼干、骨头汤等，这些食品含有丰富的钙质。研究表明，钙具有防止攻击性和破坏性行为发生的镇静作用。

另外，及时而恰当的生活调理十分重要。现代人少不了应酬，饭店的食品美味诱人，但往往碳水化合物过高，而维生素和矿物质含量相对不足，常在外就餐者应注意生活调节，平时多吃一些瓜果蔬菜以及豆制品、海带、紫菜等。

认识和利用碱性食物的抗疲劳作用。高强度的体力活动后，人体内新陈代谢的产物——枣乳酸、丙酮就会蓄积过多，造成人体体液呈偏酸性，使人有疲劳感。为了维持体液的酸碱平衡，可有意多吃以西瓜、桃、李、杏、荔枝、哈密瓜、樱桃、草莓等水果为主的碱性食物。

⚠ 拥有良好的睡眠

良好的睡眠，不但可以给第二天的活动"充电"，而且还是确保身心健康所必不可少的一个重要基础。因此，千万不要为了延长工作时间而减少睡眠时间，这样是不明智的做法，会得不偿失，因为这是以损害健康为代价的。

睡眠是否充足，不但是指形式上的睡眠时间够不够，更重要的是指睡眠质量的高低。为了提高睡眠的质量，一定不要失眠。只有高质量的睡眠，才可以使你很快恢复消耗的体力，让你第二天神采奕奕，焕然一新。

如果你能听从下面的建议，相信你会获得满意的睡眠：

1. 睡觉之前不要生气

不同的情绪变化，对人体有不同的影响。"怒伤肝，喜伤心，思伤脾，悲伤肺，恐伤肾。"

睡前生气发怒，会使人心跳加快，呼吸急促，思绪万千，以致难以入睡。

2. 饱餐之后不要马上睡觉

睡前吃得过饱，胃肠要进行消化，装满食物的胃会不断刺激大脑。大脑有兴奋点，人便不会安然入睡。正如中医所说："胃不和，则卧不宁。"

3. 睡觉前不要饮茶或咖啡

茶叶和咖啡中含有咖啡碱等物质，这些物质会刺激人的中枢神经，容易引起人的精神兴奋。如果睡觉前喝茶或咖啡，特别是很浓的茶或咖啡，那么人的中枢神经就会更加兴奋，使人不易入睡。

4. 睡觉前不要剧烈运动

睡觉前的剧烈活动，会使大脑控制肌肉活动的神经细胞呈现极其强烈的兴奋，这种兴奋在短时间里不可能安静下来，人就很难尽快入睡。因此，睡觉前应尽量保持身体平静，但也不妨做些轻微活动，如散步等。

5. 不要使用太高的枕头

枕头过低，容易造成"落枕"，或因流入大脑的血液过多而造成大脑次日发胀、眼皮水肿；而枕头过高，则会影响呼吸道畅通，易打呼噜，而且长期高枕入睡，也会导致颈部不适或造成驼背。从生理角度上说，枕头以 8 ~ 12 厘米高为宜。

6. 不要枕着手入睡

睡觉时把两手枕在头下，除了影响血液循环、引起上肢麻木酸痛外，还容易使腹腔内的压力升高，长此以往还会引发"反流性食道炎"。

7. 不要用被子蒙面入睡

用被子蒙面入睡，容易引起呼吸困难，而且吸入自己呼出的二氧化碳也是对健康不利的。

8. 睡觉时不要用口呼吸

闭口夜卧是保养元气的最好方法。张口呼吸，不但容易吸进灰尘，而且极易使气管、肺和肋部受到冷空气的刺激。因此，最好用鼻子呼吸，这样不但鼻毛能阻挡部分灰尘，而且鼻腔能对吸入的冷空气进行加温，有益健康。

9. 不要对着风睡觉

在睡眠状态中，人体对环境变化的适应能力会降低，容易受凉生病。古人认为："风为百病之长，善行而数变。善调摄者，虽盛暑不当风及身卧露下。"因此，睡觉的地方应避开风口，使床与窗口、门口有一定的距离为佳。

⚠ 主动一些，不要等累了再休息

卡耐基认为，要防止疲劳和忧虑，必须坚持的第一条规则就是主动休息，在你感到疲倦以前就休息。

在第二次世界大战期间，丘吉尔已近70岁高龄，却能够每天工作16小时，连年指挥英军作战，实在是一件很了不起的事情。他的秘诀在哪里？丘吉尔每天早晨在床上工作到11点，看报告、口述命令、打电话，甚至在床上举行很重要的会议。吃过午饭以后，再上床睡觉1个小时。到了晚上，在8点钟吃晚饭以前，他要再上床睡觉两个小时。他并不是要消除疲劳，因为他根本不必去消除，他事先就防止了。因为他经常休息，所以可以很有精神地一直工作到半夜之后。

约翰·洛克菲勒也创造了两项惊人的纪录：他赚到了当时全世界为数最多的财富，也活到98岁。他如何做到这两点的呢？最主要的原因当然是，他家里的人都很长寿，另外一个原因是，他每天中午在办公室里睡半个小时午觉。他会躺在办公室的大沙发上——而在睡午觉的时候，哪怕是美国总统打来的电话，他都不接。

列宁有一句名言：不会休息就不会工作。这句话精辟地概括了休息与工作之间的辩证关系，也是现代人拒"过劳伤害"

于体外的"灵丹妙药"。什么叫"会休息"呢？现代科学赋予的含义是主动休息，即在身体尚未出现疲惫感时就休息。这是一种积极的休息方式，比起累了才休息的被动休息法有着质的进步。科学实验证明，人体持续工作愈久或强度愈大，疲劳的程度就愈重，产生的"疲劳素"就愈快、愈多，消除的时间也就愈长，这正是"累了才休息"的传统休息方式效果差的奥妙所在。主动休息则不同，不仅可保护身体少受或不受"疲劳素"之害，而且能大幅度提高工作效率，具体可从以下几点做起：

1. 重要活动之前抓紧时间先休息一会儿。如参加考试、竞赛、表演、主持重要会议、长途旅行等之前，应先休息一段时间。

2. 保证每天 8 小时睡眠，星期天应进行一次"休整"，轻松、愉快地玩玩，为下一周紧张、繁忙的工作打好基础。

3. 做好全天的安排，除了工作、进餐和睡眠以外，还应明确规定一天之内的休息次数、时间与方式，除非不得已，不要随意改变或取消。

最后，重视并认真做好工间休息，充分利用这短短的时间到室外活动，或做深呼吸，或欣赏音乐，使身心得以放松。

⚠ 别向生物钟下"战书"

生物钟是生物生命活动的内在节奏性。生物通过感受外界环境的周期性变化（如昼夜光暗变化等），来调节本身生理活动的步伐，使其在一定的时期开始、进行或结束。我们知道人的一切生命活动，都是在生物钟的支配下进行的，就如同植物到季节就开花，动物到了周期就要产卵一样。生物钟运转正常，身体就健康、抗衰、延寿，相反，生物钟运转不正常，就容易得病、早衰、折寿。

很多上班族对自己的生物钟不够重视，就拿节假日来说，平时，他们大都定点睡、按时起，生活很有规律；但节假日期间，因为得到放松，或看电视、或玩游戏，迟睡，甚至通宵不睡的现象也很普遍。有人认为，偶然"一两次"，无碍健康。岂不知，这偶尔的"一两次"，却打乱了生物钟的正常运转，引起了人体内翻江倒海般的大变化，导致了大脑节律的紊乱、肠胃功能的失调、内分泌的改变，因而会出现头晕、乏力、食欲不振等症状。娇脆的生物钟是经不起这样折腾的，虽然当时感觉不到什么，却已埋下了病根和隐患。

因此，精心呵护和保护生物钟，使其不受干扰和磨损，就成为我们生活中至关重要的内容，也是上班族自我保健的核心。

那么，怎样才能保证自己的生物钟正常运转呢？对上班族而言，要保护自己的生物钟，最有效的方法，就是规律生活、按时作息、平衡饮食、积极锻炼，并且形成"制度"，常年坚持，雷打不动，节假日也不例外。

世界卫生组织曾对 14 个国家的 25916 名病人进行调查，发现 27% 的人有睡眠问题。对此专家提醒人们：长期睡眠不足可能使人变"笨"。研究人员指出，就现在正常人智商90为通常标准而言，每晚比正常睡眠时间少睡1小时会令一个人的智商暂时性降低1个商数，一星期累计下来可令智商降至正常标准线以下。睡眠时间因人而异，但一般而言，每个人平均每天要8小时睡眠时间。研究显示，当人睡眠不足时，会累积一笔"睡眠债"，就算每天只少睡1个小时，连续8天下来，仍会像是整晚熬夜一样疲倦。

维护人体生物钟的正常运转，对于我们的生活有重要意义。如果把保健比作"零存整取"："零存"就是有规律的生活，"整取"则指健康长寿，只有按时按量地"零存"，才能"整取"到健康长寿。倘若因为某种原因打乱了生物钟的正常运转，就等于违反了坚持已久的"零存"，其结果必将影响到"整取"。所以，为了你的健康，你千万要牢记：莫向生物钟下"战书"。

◈ 杜绝坏的生活习惯

美国石油大亨保罗·盖蒂曾经有抽烟的习惯，并且烟瘾很大。在一次度假中，他开车经过一个地方，由于下雨，他在一个小城的旅馆停了下来。吃过晚饭，疲惫的他很快就进入了梦乡。

凌晨两点钟，盖蒂醒来，他想抽一支烟。打开灯后，他很自然地伸手去抓桌上的烟盒，不料里面却是空的。他下了床，搜寻衣服口袋，一无所获，他又搜索行李，希望能发现他无意中留下的一包烟，结果又失望了。这时候，旅馆的餐厅、酒吧早已关门，他唯一希望得到香烟的办法是穿上衣服，走出去，到几条街外的火车站去买，因为他的汽车停在距旅馆有一段距离的车房里。

越是没有烟，想抽的欲望就越大，有烟瘾的人大概都有这种体验。盖蒂脱下睡衣，穿好了出门的衣服，在伸手去拿雨衣的时候，他突然停住了。他问自己："我这是在干什么？"

盖蒂站在那儿寻思，一个所谓有修养的人，而且相当成功的商人，一个自以为有足够理智对别人下命令的人，竟要在三更半夜离开旅馆，冒着大雨走过几条街，仅仅是为了得到一支烟。这是一个什么样的习惯，这个习惯的力量竟如此惊人的强大？

没多会儿，盖蒂下定了决心，把那个空烟盒揉成一团扔进了纸篓，脱下衣服换上睡衣回到了床上，带着一种解脱甚至是胜利的感觉，几分钟就进入了梦乡。从此以后，保罗·盖蒂再也没有抽过香烟，当然，他的事业越做越大，成为世界顶尖富豪之一。

烟瘾大，对任何人来说，都不是一个大的缺点。但保罗·盖蒂却坚持改变，这是因为他意识到了习惯的巨大力量。一位理智、成功商人居然会为一支香烟六神无主，如果是在休闲时间这倒没什么影响，如果是在谈一笔大买卖，这个习惯则会影响他的判断，进而影响整笔生意的完成。一个人要是沉溺于坏习惯之中，就会不知不觉地把自己毁掉。

我们每个人都是习惯的产物，我们的生活和工作都遵循我们自身所养成的习惯。习惯的力量是巨大的，因为它具有一贯性。它通过不断重复，使人们的行为呈现出难以改变的特定的倾向。就像一句古老的箴言："习惯就像一根绳索。每天我们都织进一根丝线，它就会逐渐变得非常坚固，无法断裂，把我们牢牢固定住。"我们每天高达90%的行为是出自习惯的支配。可以说，几乎是每一天，我们所做的每一件事，都是习惯使然。

习惯有好有坏。好的习惯是你的朋友，他会帮助你成功。一位哲人曾经说过："好习惯是一个人在社交场合中所能穿着的最佳服饰。"而坏习惯则是你的敌人，它只会让你难堪、丢丑、添麻烦、损坏健康或者使事业失败。奥格·曼狄诺认为："习惯若不是最好的仆人，它便是最坏的主人。"因此，如果你要使自己成为一名高效能人士，就应当杜绝坏的生活习惯。

你可能会说，我也知道有些习惯不好，甚至很坏，我也试着改掉它，但我发现改不掉。然而，坏习惯真的改不掉吗？美国成功学专家奥森·马登普博士曾花了很多年来研究习惯问题，并协助很多人改掉了咬指甲及吮大拇指的坏习惯。这说明了坏习惯是可以克服的。奥森·马登博士认为："一个人可以改变自己的习惯，当然不像滚动木头那样简单，但是你可以办得到，只要你真心希望这样做。"为此他提出了六条建议：

1. 首先相信你可以改变你的习惯。对你的自我控制能力要有信心，如此才能为你的个人习惯带来积极的改变。

2. 彻底了解这些坏习惯对你身体所造成的不良影响，使你愿意去承受暂时的损失——甚至痛苦——而培养出要求改变的强烈愿望。面对这些可怕的事实：体重过重会使你的重要器官不堪负荷；酒精会破坏你的身体组织；过度工作（这也是一种不好的习惯）可能会危及你的生命；等等。

3. 找出某种令你感到满意的事物，用来暂时安慰自己。因为你在戒除一项长期的习惯之后，必会经历一段痛苦的时期，这时就要找些事物来安慰你。像摄影、园艺或弹钢琴这些嗜好，可能会协助你不抽太多的香烟。

4. 发掘将你逼到这种情况的基本问题。你的挫折究竟是什么？你是否低估了自己的价值？为何对自己如此敌视？

5. 认真处理这些问题，调整你的思想，接受你的失败，重新发掘你的胜利。

6. 引导你自己迈向积极的习惯，这将使你的生活获益。为你自己制订新的目标。在积极的活动中获得成功的感觉，这将发挥你的能力与热诚。

如果你希望自己成为一个工作业绩出众、家庭生活幸福的人，就应当迅速改掉那些危害你工作和生活的不良习惯。如果你在改变的过程中发生了动摇，就应当重温一下马登博士的建议。

△ 每天抽点时间，独自去散步

一个人走着，什么都可以想，什么都可以不想，便觉得是个自由人。因为真正的旅行是一个人的旅行，只有一个人才能身心自由，静思默想。

一个人散步，没有可以交谈的对象，自然是有点儿沉闷，有点儿形单影只，因为这时在街边路旁散步的，多是一对对年轻的情侣，或是一些步履不再矫健而相携相扶的老夫妇……但一个人散步，却又有着许多一个人的好处，可以随意地选择或改变要走的路线，而不用与人相商，也不用担心别人反对或者不悦……

独自散步，除了锻炼身体的意义外，更多的好处还在于思想。人在自由状态的运动中，比正襟危坐在书桌前更有利于思考和想象。有时你会不由自主地自言自语起来，似乎有一个看不见的人和你走在一起。事实上，这时你真的不是一个人，因为在你的心灵中，这时一定有一个人在陪伴着你。也许是一位红颜知己，或者是一位忘年之交，不管他或她是远在他国或已辞别人世，在你独自的散步中，他或她就会出现在你身边或眼前。你们继续着以前的话题，关于一首诗，关于一篇有趣的故事，你们交谈着甚至争执着……许多新鲜的念头，也会像闪电一样，穿过厚重的云层闪耀出来，让你感到震撼和炫目。确实，许多有价值的思想，许多的灵感，就是在这种独自散步中产生出来的。在独自的散步中，很少有孤独的感觉，因为真正的孤独是心灵上的孤独，而非形式上的孤独。有时在节日里、在晚会上、在人群中，你反而会感受到一种无法承受的孤独。那是一种找不到朋友，也丧失了自在的自我之后的一种大孤独。独自散步犹如心灵解锁，个中滋味非独自散步者莫能体会。人的心灵，其实是个囚室。衣、食、住、行之生活琐事，整天缠着你，谁不感觉心累呢？单位里的人事纠葛、家庭里的烦恼困惑，整天亦缠着你，哪个不喊着辛苦呢？所谓辛苦，其实便是心苦。天长日久，心灵忧郁，盘绕在心头的烦恼便会"剪不断，理还乱"，形成死结。独自散步时，你置身室外旷野，可以袒露心灵使之在大自然中放牧。独自散步宛若灯下读书，个中情趣亦非夜读者莫能知晓。挑灯夜读，妙在一个"静"字，你眼睛在字里行间寻觅，心灵便可在墨香里沐浴了。独自散步时，你不用眼睛而用脚在大自然里寻觅，心灵不是在特定的环境里感应着什么吗？

▲ 睡前喝一杯浓香的牛奶

生活像一道菜，你就是厨师，酸甜苦辣都由你自己去添加，但最多的，希望是浓浓的甜；生活像一本书，让人百看不厌，从中，也学会了许多。享受生活，就是享受生活的乐趣。牛奶含有丰富的营养元素，可以补充身体所需的很多微量元素，还可以美容，同时，牛奶也是人们公认的助眠好饮品。睡前喝一杯香浓的牛奶，可以起到很好的催眠作用，对于大多数有失眠习惯的人来说，真是个不错的选择。

即使你没有失眠的坏毛病，睡前喝牛奶对身体也很有好处，而且，可以提高你的睡眠质量。在你享受这杯牛奶的时候，你可以在你的卧室里放上一段轻音乐，一边喝一边听柔美的音乐。音乐也可以帮你助眠，当然，你要选好音乐，那种轻柔舒缓的比较适合。这种时候，你可以抿上一口，然后半躺在床上，微闭上眼睛，在音乐中随意地让思绪飘飞，甚至展开你的想象。你可以幻想你认为最美的事，让音乐带着你畅游。也许睡眠将近，你可以想象你躺在绿绿的草坪上，草丛中点缀着零星的小花，几只蝴蝶在飞舞，蜻蜓在嬉戏，风儿吹过，你是不是闻到了一阵芳香？哦，那是牛奶的味道。

你甚至可以号召你的家人，和你一起享受这份美味，这种快乐，这种幸福。不要小看这种幸福，其实，幸福就是这么简单，就在于你如何去创造，如何去体味！

⚠ 养一盆绿色植物，把自然请进室内

人类有 90% 的时间是在室内工作和生活的，在人类的生存空间不断遭受各种污染威胁的今天，在我们逐渐失去了从自家门口仰望星罗棋布夜空的惬意的今天，如何才能拥有一个健康洁净的室内环境？

养一盆绿色植物，是治理室内环境最简单也最健康的一种方法。也许这不仅是出于健康的考虑，也可以作为一种爱好，一种陶冶性情的方式。不管出于什么目的，在房间里有选择地

摆放一些绿色植物，不仅能愉悦你的双眼，还能驱除异味，带来清新自然的空气，这样做肯定是没错的。

你可以选择在工作的办公室或在家居的客厅或卧室养都行。现代办公设备基本上都是自动化的计算机系统，每人的办公桌上都摆放一台电脑，这样我们每天都在遭受辐射的侵害。如果在办公桌旁养一盆绿色植物，最好是具有抗辐射功能的仙人掌，每隔一个小时闭眼休息数分钟，再睁开眼睛观看绿色植物数分钟，眼部肌肉得到放松的同时，心情也会如绿色植物一般时时刻刻都是绿绿葱葱的。

在家居环境中养一盆绿色植物也很重要，选择品种之前，先了解一下各种植物的特点和功能吧。大部分植物都是在白天吸收二氧化碳释放氧气，在夜间则相反。但仙人掌、景天、芦荟和吊兰等却可以全天吸收二氧化碳释放氧气，而且存活率较高。比如，吊兰是窗台植物的最佳选择，美观、价格便宜，且吸附有毒效果特别好。一盆吊兰在 8 ~ 10 平方米的房间就相当于一个空气净化器，即使未经装修的房间，养一盆吊兰对人的健康也很有利。另外，平安树是很多家庭客厅的盆养植物之选，平安树又叫"肉桂"，自身能释放出一种清新的气体，让人精神愉悦。在购买这种植物时一定要注意盆土，根和土结合紧凑的是盆栽的，反之则是地栽的。购买时要选择盆栽的，因为盆栽的植物已经本地化，容易成活。

特别提醒一下，植物在光的爱抚下光合作用会加强，释放出比平常条件下多几倍的氧气。所以，要想尽快地驱除房间中的异味，可以用灯光照射植物。

选择一天只吃水果，给身体排排毒

爱惜身体，除了摄取各种营养，还要适当为身体排排毒。身体就像一个容器，承载不了太沉重的负荷，满载的时候也要进行清理，降降压。

想要犒劳自己的时候，一般都是想去大餐一顿，品尝各种美味，以为这便是一种莫大的享受了，这也是人之常情，对于每个人来说，这也是生活中的一种快乐，衣食住行，人生不过就是围绕这几个重心。不过，千万别忘了适时给自己的身体排排毒，爱惜身体，健康才是关键。

随着生活环境的改变，我们每天呼吸了太多被污染的空气，接受了太多的辐射，吃了太多加工过的防腐产品，承受了太多情绪上的压力，这些都是毒素的来源。当身体内的毒素"超载"，我们很难做到靠自然的方式来排出毒素，甚至会让你出现找不到原因的头痛、体重大幅增加、便秘、口气难闻、脸上出现色斑、下腹部鼓胀、皮肤失去光泽、失眠、注意力不集中、无缘故的抑郁、生暗疮等问题。

给身体排毒，其实很简单，就是一天别的什么都不吃，只吃水果。因为当我们断食的时候，身体会自动进行排毒，如果大肠堵塞，导致毒素无法被排出来，将造成自身中毒。因此，最有效、最安全的方法就是先让我们的身体内的细胞进行解毒，当细胞内的毒素分解出来之后，再将这些毒素排出体外。

一天什么都不吃，可能会饥饿难耐，但要坚持，饿了就拿水果和清水充饥，你要想象体内的毒素正一点点地往外排出，体内变得越来越纯净，身体也似乎变得越来越轻盈，这种感觉是不是很美妙？摸摸你的脸蛋，是不是觉得一下子嫩滑多了？这些可都是排毒的动力啊！坚持，坚持就是胜利！

图书在版编目 (CIP) 数据

微习惯：成就卓越自我管理的法则 / 武君著 . —
北京：中国华侨出版社，2021.3（2021.5 重印）
　ISBN 978–7–5113–8335–8

　Ⅰ . ①微… Ⅱ . ①武… Ⅲ . ①习惯性 – 能力培养 – 通
俗读物 Ⅳ . ① B842.6–49

　中国版本图书馆 CIP 数据核字（2020）第 200596 号

微习惯：成就卓越自我管理的法则

著　　者：武　君
责任编辑：黄　威
封面设计：冬　凡
文字编辑：胡宝林
美术编辑：吴秀侠
经　　销：新华书店
开　　本：880mm×1230mm　1/32　印张：8　字数：170 千字
印　　刷：三河市骏杰印刷有限公司
版　　次：2021 年 3 月第 1 版　　2021 年 5 月第 2 次印刷
书　　号：ISBN 978–7–5113–8335–8
定　　价：38.00 元

中国华侨出版社　北京市朝阳区西坝河东里 77 号楼底商 5 号　邮编：100028
法律顾问：陈鹰律师事务所
发 行 部：（010）88893001　　　　传　真：（010）62707370

如果发现印装质量问题，影响阅读，请与印刷厂联系调换。